稲《いな》作《さく》ライブ

おもしろくてたいへんな田んぼの一年

サルイン（お笑い芸人・吉本興業所属）

くもん出版

目次

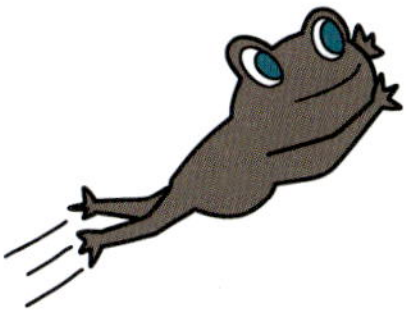

はじめに

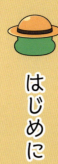

みなさん、はじめまして

いきなりの告白《こくはく》!?

〝奈良勝手に住みます芸人〟を名乗っているサルインです。いきなりですが、大告白をします！こうして稲作《いなさく》と田んぼの本を書きましたが、みなさんと同じ小学生のころは、田んぼにまったく興味《きょうみ》がありませんでした！こればっかりは、うそをつけないので……、すいません！

当時はポケモンとかミニ四駆《よんく》が人気だったし、野球とドッジ

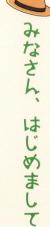

ボールにもハマっていたので、そればっかりしていました。いちばん田んぼっぽいもの……、田んぼの横を流れる水路に葉っぱを流してスピードを競《きそ》う、葉っぱレースぐらいでしょうか。まあ、水路なので、田んぼじゃないですね。(笑)

そんなぼくがこれから、米作りって楽しいよ〜、たいへんなこともあるよ〜、こんな発見があったよ〜、知らなくてびっくりしたよ〜、って言いだすんです。へんですね。でも、今となっては田んぼでの作業がとても楽しいし、おもしろいので、それをみんなに伝えたくてたまりません!

小学5年生の社会科

教科書を見たのですが、米作りをしっかり学ぶんですね。ページ数の多さにもびっくりしました!

ぼくが小学生のころ、米作りを学んだ記憶《きおく》がほとんどありません。なぜだ!ゲームのキャラクターの名前はいっしゅんで覚えたし、いまだに覚えているのに……。どうして、米作りの授業《じゅぎょう》はまったく覚えていない? もしや、楽しいことは自然と知りたくなるし、ずっと覚えているけれど、そうじゃないものは忘《わす》れるということか！　そう、気づいてしまいました。

当時のぼくには、田んぼや畑なんておじいちゃんがやるイメージで、楽しいものとは思えませんでした。学校の先生も、楽しいものだよと教えてくれなかったのでしょう……、か。米作りの楽しさやたいせつさを、その時にもっと学べていたら……。

そこでぼくは、教科書の「米作りわくわくバージョン」みたいなものをつくろうと思いました。ここで、みなさんにとってハッピーなことを二つ教えます！

一つめ。ぼくは芸人でありながら、学校の先生になれる免許《めんきょ》をもっています。だから、わかりやすく、おもしろく伝えることが得意《とくい》です。自分で言うのもなんですが、これは期待できますね！

そして二つめ。実際《じっさい》に米作りをしているので、とてもリアルにお伝えできます。なにもかくさずに、いいことも、すごくイヤだったことも書きますよ。

これは楽しく学べそうですね！

そもそも、どうしてぼくが田んぼにハマって、ヌケだせなくなったのか……。日本語、ややこしいですね。20歳《さい》くらいのころから、〝山に囲《かこ》まれたとこへ行ってみたい！〟〝田んぼや畑をながめていたい！〟〝土をさわりたい！〟という、それまで思ったことがなかった気持ちが急にあらわれたのです。それからは、自然はなんでも大好きという体になっていきました。今にして思えば、田んぼの横の水路で遊んでいたことも関係があったのかもしれません。

吉本《よしもと》興業《こうぎょう》に入る

23歳の時に吉本興業の芸人になり、大阪の街中に行く機会がふえました。大都会大阪に高層《こうそう》ビルはたくさんありますが、田んぼはなかなか見あたりません。自然に触《ふ》れたくてうずうずしてきたぼくと、まったく同じことを感じていた先輩《せんぱい》芸人がいました。〝奈良県住みます芸人〟として活躍《かつやく》している漫《まん》才《ざい》コンビ、十手《じって》のエナジー西手《にしで》さんです。西手さんが、そのさらに先輩、みなさんもよく知っている笑《わら》い飯《めし》・哲夫《てつお》さんの畑や田んぼを手伝っていて、ぼ

くもその仲間に入れてもらえたんです。

田んぼの仕事は砂遊《すなあそ》びの最強進化バージョンみたいに思えたから、手伝えることがあるならなんでもやらせてくださいと、やる気マンマンのぼく。わからないことは、哲夫さんに教えてもらいながら少しずつ覚えていきました。もう、5年めくらいになりますね。そんなわけで、田んぼでやったこと、感じたこと、哲夫さんから教わったことなんかを、小学生のみなさんでもわかるように伝えます。

それにくわえて、哲夫さんの田んぼだけではあきたらず、ご縁《えん》があって知りあった石田《いしだ》さんという方の田んぼの手伝いや、小学生の稲作体験の授業への潜入《せんにゅう》もしているので（田んぼ好きすぎるやろ！）、そこで学んだことも書いています。どうか、気楽に読んでください。

そして、田んぼを見た時に、「あっ、あの本で読んだことや！」って、思いだしてもらえたらうれしいです。

笑《わら》い飯《めし》の哲夫《てつお》さん
VMA211
JAグループの
農業機械

ぼくが実在《じつざい》のサルインです！

漫才《まんざい》コンビ十手《じって》のエナジー西手《にして》さん
NARA

米作り一年の流れ

知らない言葉だらけ……

田植えという言葉は聞いたことがありますよね。まあ、先にめちゃくちゃざっくり説明すると、田植えは米作りのスタートのようなもの。田植えのタイミングは、気温やお米の品種などの条件《じょうけん》によって日本国内でもバラバラです。ぼくは奈良県に住んでいますが、奈良県内でもバラバラです。

ちなみに哲夫《てつお》さんの田んぼでの田植えは、少し暑くなってきた6月前半くらいです。でも田植えができるような土にしないといけないので、その2か月前の4月には動きだしていますね。スタート前の準備《じゅんび》体操《たいそう》みたいなものです。田おこし、あぜぬりをすませて、田んぼの水入れ、そして代《しろ》かきをします。田おこし？　あぜぬり？　代かき？　おっと、わからなくてもだいじょうぶ！　この本を読めばちゃんとわかるようになるから、安心してね。

そして、田んぼに植えた苗《なえ》は、暑い夏を味方につけてすくすくと生長しま

す。分《ぶん》げつといって、苗がどんどんわかれていきます。雑草《ざっそう》取り、これは知っていますね。分げつを止めるための中干《なかぼ》しをすると、穂《ほ》があらわれる出穂《しゅっすい》をむかえ、稲刈《いねか》りに備《そな》えて落水《らくすい》をします。中干し？ 出穂？ 落水？ だいじょうぶ、だいじょうぶ。

お米ができた！

そして稲刈りが、米作りのゴールです。いつするかのタイミングは、これもバラバラです。哲夫さんの田んぼでは、紅葉《こうよう》シーズンに入るか入らないかの10月の半ばくらいです。稲刈りをして、もみを乾燥《かんそう》させてから、ちゃんともみすりと精米《せいまい》をしたら、みなさんも大好きなあのお米になります！

でも、それで終わりではないんです。田んぼは次の年も使うので、秋や冬にも田おこしをして土を整えたら、ようやく一年の作業はひと区切りがつきます。流れはこんな感じでしょうか。

冬の間は田んぼでの作業がへるので、畑の作業に時間を多く使う農家さんが多いようです。そして、またはじめにもどり、春に田おこしをして……という一年を何周もします。

最速と最遅《さいち》

ぼくが見たことのある〝稲刈り最速記録〟は福井市で目撃《もくげき》した、8月半ばでした。哲夫さんのところより、2か月も早い! 品種にもよりますが、田植えから稲刈りまでは3か月から4か月くらい必要なので、そこでは田植えを4月くらいにしていたんでしょうね。早~っ! 入学式や新学年の時期に田植えしているのか。

では最遅記録は……、哲夫さんのところです。(笑) でも、特別遅《おそ》いわけではなく、10月半ばくらいに稲刈りをする地域《ちいき》は奈良県内では多いように思います。さすがに、11月には見たことないかな。

日本全体で見ても、田植えから稲刈りまでの期間は数週間のずれはあるものの、だいたいこのへんが多いです。みなさんがおわかりのとおり、作業するほとんどの時期がめちゃ暑いっす! 日焼けしまくるっす!

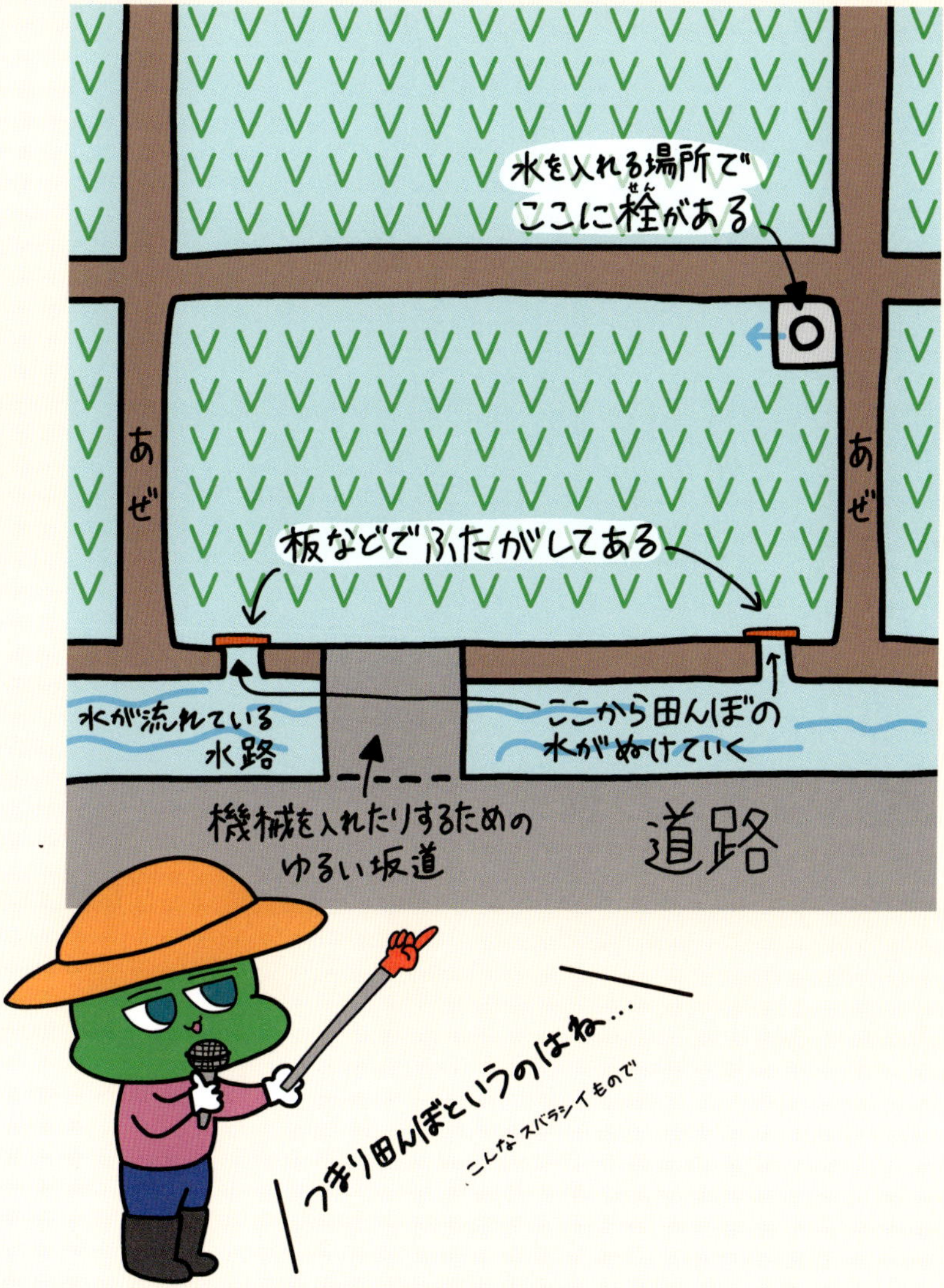
水を入れる場所で
ここに栓《せん》がある
あぜ
あぜ
板などでふたがしてある
水が流れている
水路
ここから田んぼの
水がぬけていく
機械を入れたりするための
ゆるい坂道
道路
つまり田んぼというのはね…
こんなスバラシイもので

作業の服装《ふくそう》

①ぼうし

田んぼは日かげがまったくないから、ぼうしをかぶらないと大ダメージ！　海賊《かいぞく》王《おう》をめざすあのキャラクターもかぶっている麦わらぼうしは、つばが大きくて顔が日かげになるから、つかれにくいです。急に、真夏の田んぼに「手伝いにきて」とよばれても、バテずに作業しつづけられるはず。

②長そで長ズボン

暑いけれど、がまんして着よう！　イネにかぎらず、植物がサーッサーッと皮ふにずっとふれていると、かぶれます。虫にもさされます。だから、できるだけ皮ふがかくれる服にしましょう。ぼくは腕《うで》や顔にぶつぶつができて、かゆかゆになったことがあるよ……。ただし、休憩《きゅうけい》の時は思いっきり腕まくりしてもいいからね！

③長ぐつ

はだしで田んぼに突入《とつにゅう》したら、奥底《おくそこ》に巨大《きょだい》な石があって、ぼくは足の裏《うら》をけがしたことがあります。はだしはよくないと言われていたのに……。それ以来、かなら

服装《ふくそう》で気をつける点!!

つば
日ざしが強いから
大きいつばがよい!!
タオル
虫にさされない
ように、首に
まいたりもする!
手袋《てぶくろ》
草とかで手が
切れたりするから!!
イン!
服をちゃんとズボンに
入れないと虫にさされる!
つなぎの服とかよいかも!
長ぐつ
田んぼには石が
落ちてたりもするからね!

ず長ぐつをはいています！　ドロッドロの田んぼに長ぐつがメリこんでしまい、ぬけなくなると言われたこともあるのですが、意外とそんなことはありません。安心して！

④手袋《てぶくろ》

苗《なえ》を手植えする時以外は、手袋をしましょう！　知らぬまに、なぞの植物のとげがささったりすることもあるからね。でも、手植えの時に手袋をしていたら、作業がもうれつに進みません。少量の苗をつかむのはやっぱり素手《すで》がいちばんなので、ぼくははずしていました。

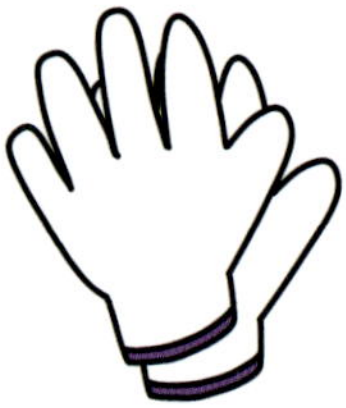

⑤イン！

上着は、ちゃんとズボンにイン！　しっかり、入れこみましょう。イン！　せっかく長そで長ズボンでも、背中《せなか》が見えていると虫にさされたりするよ。ヤツらは、わずかなすきをねらってくるからね。なので、つなぎがオススメ！

第1章　米作り【春】

土まぜまぜ戦法！　田おこし

土を乾《かわ》かす

収穫《しゅうかく》を終えた田んぼの水は、秋にぬいてあります。カラッカラに乾燥《かんそう》した田んぼに、雑草《ざっそう》たちが自由にのびている姿《すがた》は、「あれっ？　ここに畑なんてあったっけ？」とかんちがいしてしまうほど別人です。

公園の地面みたいなカッチカチの土で、よいお米が作れるでしょうか？　いいえ、作れません。まず、苗《なえ》を植えられません！　そんなところでお米を作ろうなんてむりですね。というわけで米作りの第一歩。土を整えて、田んぼらしい姿にもどしていきます。これを、田おこしというんです。

秋に水をぬかれた田んぼの土の表面付近は、よく乾いています。でも、中のほうまで乾かしたいので、深さ15センチメートルくらいまでの土を掘《ほ》りおこして、まぜまぜします。

なぜかというと、土の中にはチッ素《そ》といって、肥料《ひりょう》になるありがたい成分がふくまれているからです。チッ素は、そのままだと植物があまり吸収《きゅうしゅう》できません。ところが、乾燥させるとチッ素は、植物が吸収しやすいものへと変化してくれます。そのおかげで、イネの根がよく育つようになります！

わかりやすく例えるなら、「これ、とれたてのおいしいジャガイモだよ！ほら、食べなさい！」と言われても、生のジャガイモなんて食べませんよね？ぜったいにシャリシャリで、味ないし。（笑）でも、熱をくわえてポテトサラダにすれば、スイスイ食べられます。そういう感じです。土を乾燥させることで、植物が吸収しやすいチッ素をふくむ、すばらしい土になるのです！

ほかにもある理由

それに、田おこしする前に肥料をまいておけば……、あら、かんたん！土をまぜまぜすることで、肥料が田んぼ全体にまんべんなく行きわたりますね。

そして、ファサファサにのびた雑草を、根からたち切ることができます。雑草は地表から深さ３センチメートルくらいのところから芽を出すので、田おこしでそれよりも深いところに追いこめば、生えにくくなるんですって！

田おこしをするタイミングは、田植えの少し前の4月くらいですが、じつはその前の秋と冬にもおこないます！　シーズンオフにも、田んぼはまぜまぜされまくっていました！（笑）

ぼくたちの手伝い

そんな前置きはさておき、作業をしましょう。いや、前置き長ーっ！

昔の田おこしは、すきというフォークみたいな道具を土にさした状態《じょうたい》で、馬や牛に引っぱってもらい、ガガゴガゴ……と土をけずるようにしていました。でも今は、みなさんが知っているように機械化が進んでいるので、馬や牛は使っていません。トラクターという田おこししてくれる車みたいなものに乗れば、できてしまいます。イイね！

田おこし前の田んぼは、表面の土がボソボソと乾燥しているので、コンクリートみたいな灰色《はいいろ》をしています。そこに雑草が生えている感じです。

しかし田おこしをすると、中のほうのしめった土が表面に出てきて、生えていた雑草は土の奥深《おくふか》くに押《お》しこめられ、ふっくらしたかわいい、茶色の田んぼに生まれかわります。田おこし前とあとではまるで見た目がちがうので、みなさんでも見分けられますよ。

トラクターが田んぼのすみからすみまで田おこしをしてくれるので、ぼくらに手伝いをするすきをあたえません。哲夫《てつお》さんの田んぼ

で田おこしを見たことがあります。哲夫さんがトラクターに乗って田おこしをしているのを、「トラクターってすんげぇ大きい音するんやなぁ」と、遠くからながめていただけでした。（笑）

雷《かみなり》がじつはたいせつ

雷と豊作《ほうさく》

みなさんは、雷が多い年は豊作になるという話を聞いたことがありますか？　ぼくはもちろん聞いたことが……、ありませんでした。（笑）雷が鳴るような天気って大雨だったりするイメージなので、水が必要な米作りにはありがたいからかな？　それとも、昔の人が考えたむちゃくちゃなこじつけで、とくに根拠《こんきょ》はないけれど、なぜか言い伝えられているやつかな？　どちらもありそうな気がします。さて、どう思いますか？

じつはこれ、哲夫《てつお》さんから教わったのですが、ちゃんとした理由がありました！

空からの肥料《ひりょう》!?

細かく話すと、大人のぼくでも頭が爆発《ばくはつ》しそうになるので、かんたんに説明しますね。雷の電気で、空気中にふくまれているチッ素《そ》と酸素《さんそ》が合体して、チッ素酸化物というめっちゃむずかしい名前のものになります。そいつは、水にとけやすいらしいのです。なので、雨にとけこみ、いっしょに落ちてきて土に吸収《きゅうしゅう》されるのですが、電気によって合体してくれたこのチッ素というのが、とてもありがたい存在《そんざい》なんです！　チッ素が葉や茎《くき》を生長させる力をもっているからなんです。

それでも、なんか説明がむずかしい……ので、さらに、さらにかんたんに説明すると、雷が鳴ると、栄養となるチッ素が空からかってに落ちてくる、みたいな感じ。だから、雷の多い年は豊作になるんですね。無料の肥料！

昔の人も、雷が多いとなんか作物がよくのびるよなぁ、と気づいていたらしく、「稲妻《いなづま》ひと光で稲が一寸《すん》のびる」という言葉もあります。これは雷一発で一寸、つまり約3センチメートル生長するということです。かなりのびる！　雷十発で約30センチメートル、百発なら3メートル！　とはいかないでしょうが……。

哲夫さんの雷は？

エラそうに説明していますが、ぼくもこのことをすぐ忘《わす》れてしまいます。なので、哲夫さんに会うたびに、「なんで、雷が多いと作物が生長するんでしたっけ？」と聞くのですが、次の日にはもう、ふわっとしか覚えていません。

哲夫さんからすると「こいつ、いつも同じこと聞いてくるなあ」と思っているかもしれませんが、毎回ぼくがはじめて質問《しつもん》したかのようなテンションで説明していただいております。ありがとうございます！

あと5回くらい聞いたらさすがにしつこすぎて、哲夫さんにおこられるかな？　哲夫さんの雷が落ちるかな？　えっ、雷？　やばい！　作物がすくすく育ってしまう〜。

あぜぬりというレアキャラ登場！

たいせつな作業

あぜという言葉からして、聞き覚えがないかもしれません。聞いたことのないものをぬる、というあぜぬり！（笑）

みなさんより少しだけ長く生きているぼくでも、あぜという言葉は田んぼの話題でしか聞いたことがありません。なので、聞いたことがないよという人もご安心を！　そんなあぜぬりですが、田んぼの世界ではとてもたいせつな作業なんです。

あぜとはなにかというと、田んぼと田んぼの間につくられた、土を盛《も》りあげたしきりのことです。高さ30センチメートルほどの壁《かべ》のようなもの、といえば伝わりますかね？

このあぜの穴《あな》や割《わ》れ目《め》をしっかり、みっちりふさがないと、せっかく田んぼに入れた水が東に西に、北に南に流れでてしまいます。水って、けっこう

かんたんに土を突破《とっぱ》していきますからね。水がそういう態度《たいど》でくるなら、人間も本気で立ちむかってやりましょう！　がっちりふさぐために、あぜをぬりかためる。それが、あぜぬりなんです。

それだけじゃないよ！

あぜぬりには、モグラが出入りするのを防《ふせ》ぐ効果《こうか》もあるらしいです。ぼくはモグラを見たことがないので、ほんとうにいるのと疑《うたが》っています。

でも、哲夫《てつお》さんが「モグラにやられるから、ちゃんとあぜぬりをやらなあかんねん〜」と困《こま》り顔で言っていたので、実在《じつざい》するのでしょう。モグラは苗《なえ》を倒《たお》したり、根を切ってしまったりするんですって！　ちゃんと対策《たいさく》をしないといけませんね。

それで、モグラが穴を掘《ほ》れないくらい固く、水をもらさないくらいすきまのない土の壁をつくります。

あぜぬりをすると、割れ目がなく、

のぺーっとしたあぜになるので、ついついぼくはしっとりしたクッキーを思いうかべます。（笑）

伝えたかったのに……

田んぼのまわりに、強力なガチガチあぜをつくります。あぜぬり機というとても便利な機械があって、強そうな爪《つめ》で土をかきまぜて、ホロホロになった土をビターーッと押《お》しつけてあぜをつくってくれます。みっちみちでがんじょうなあぜをつくるには、土にほどよい水分が必要です。乾《かわ》きすぎていたら、あぜはサラサラッとくずれていきますもん。

あぜぬりはここがたいへん！　ここが楽しい！　みんなに伝えるぞー！　そう意気ごんでいたのですが、ぼくが体験したのはこのやり方ではありませんでした。なにーーーっ!?

耳を疑うなぁ

ぼくがやったのは、あぜをマルチという黒いシートでおおう作業でした。

マルチというのは、畑でよく使われています。畑にぴーーんと、縦長《たてなが》に黒いシートが張《は》られているのを見たことはないですか？　それです！　それを、田んぼのあぜに張りめぐらすのです。

ぼくも、その作業をすると聞いた時は耳を疑い、9回くらい聞きなおしました。そんなことをしている田んぼを見たことがないもん！

マルチは水を通さないので、あぜをおおうと田んぼの外に水が出なくなります。そういうやり方もあるのか！　し・か・も、マルチの下には雑草《ざっそう》も生えないから、草むしりもいりません！　なので、この作業を今のうちにしてしまえば、あとが楽チンなんです。数か月後の笑顔《えがお》のために、今、動こう！　夏休みの宿題を先に終わらせるタイプの人の発想ですね♪

ちゃんと、マルチを張る用の機械がありました。それまで、ぼくが見たことがなかった

田んぼの内側は機械を使います

だけでした。回転する歯でブスブスと、田んぼ内側部分の土にマルチをうめこんでくれます。田んぼの土はやわらかいので、ズボズボとマルチが押《お》しこまれ、ちょっとやそっとの力ではマルチははずれません。単純《たんじゅん》なのにすげ〜！

田んぼの外側では……

でも、機械がやってくれるのは田んぼの内側だけ。田んぼの外側ではマルチがめくれて、ヒラヒラとなびいています。「ヒラヒラとゆれるマルチはオシャレ」なんて言葉は、この世にありません。なので、ヒラヒラしないようにしなければなりません。

やり方は、これも単純です。長さが15センチメートルくらいで、頭が長方形をしているプラスチックのピンがあります。巨大《きょだい》くぎみたいなんです。それを木づちでたたいて打ち

外側は木づちを使います

こみ、マルチをあぜにとめていきます。だいたい50センチメートルくらいの間隔《かんかく》でピンをさし、マルチをピーーンと張っていきます。

田んぼの外側で、限界《げんかい》まで水分を失った土はカッチカチ。なかなかピンが入りません。石みたいに固いところもあるんです！　そういうところは鉄のピンでとめていきましょう。

木づちでコツコツやるだけなので、最初は鼻歌まじりで楽しくやっていたのですが、これがなかなかの重労働！　木づちの重さがじわりじわりとぼくの腕《うで》をせめたて、とちゅうからは完全に笑顔を失っていました……。

さっきあそこ
とめたのに…
巨大《きょだい》なくぎみたいな
ピン
あぜをおおう
マルチ
めくれあがりペロリンチョ

地味にたいへん、でも重要！ 田んぼの水入れ

大量の水を入れていくぜ！

田んぼ用のドでか蛇口《じゃぐち》の栓《せん》をひねると、ものすごい勢《いきお》いで水が……。あれっ！ うっ！ それでは、栓をひねって大量の水を……。うっ！ 固すぎる！ 水を出せない！

屋外にある蛇口の栓って、洗面台《せんめんだい》の蛇口とはおおちがいで、なんかカチカチなことが多いです。田んぼの栓も同じで、ぜんぜん動かない！ 栓が固すぎる時に、「回す方向がぎゃくやったんかな？ あれ？ どっち回しが正しかったっけ？ 時計回り？ 反時計回り？」と、頭の中が混乱《こんらん》して、けっきょくどっちが正しいかがわからなくなるのはぼくだけではないはず！

そうやってテンパりながら5分くらい格闘《かくとう》して、ようやく栓が開きました。行けー！　水ーっ！　ゴゴジュバーーゴゴゴ！！！　さすがにドでか蛇口なだけあって、ものすごい音を立てて水が放出されていきます！　勢いがすごいので、あぜぬりをしっかりしていなかったら危《あぶ》なかったよ～！

思いうかんだ疑問《ぎもん》が……

大量の水が広い田んぼをじんわり、じんわりと、しめらせていきます。乾《かわ》いていた田んぼが生きかえったようにも見えます。このけしきは何時間でも見ていられちゃいます！

このあとの田んぼは、ほとんどの時間が水にひたされた状態《じょうたい》になるわけですが、この広い田んぼがひたるくらいの水の量……。うわさでは聞いていたけれど、めちゃくちゃ水がいるんやなあ。こんな大量の水を、どこからゲットするんかな？

勢《いきお》いよく流れこむ水

雨水を使うなんてどう？　雨が降《ふ》るのをひたすら待てばよさそうだし、けっこうたまりそう！　でも、降る時もあれば、まったく降らない時もあります。雨水だけでどうにかしようというのはきびしそうですね。

じゃあ、どこの水を使おうか……

あっ！　川の水があるじゃないか！　なんか、つねにある程度《ていど》の水が流れているし、心配なさそう！　そもそも川の水は、降ってきた雨が集まったものですが。（笑）

でも、すべての田んぼが川の近くにあるとはかぎりませんね。川沿《ぞ》い以外にもたくさんあります。そんな田んぼでも川の水が使えるのは、昔の人が川から田んぼまで水を引く水路をつくってくれたからなんです。

水が入りました

それにしても、機械のない時代に水路をつくる作業はたいへんだっただろうな〜。ありがたや〜！

そもそもの話ですが……

なぜ、田んぼに水を入れないといけないのでしょう？　苗《なえ》の生長に水が必要なのはもちろんですが、ほかにもたーくさん理由はあります。

まず水は、肥料《ひりょう》を田んぼじゅうにまんべんなく行きわたらせてくれます。おふろに入浴剤《にゅうよくざい》を入れると、最初は入れたところだけ入浴剤カラーがついていても、いつのまにか全体が均等《きんとう》になりますよね！　それと同じです。

そして、めっちゃ寒くなっても、水の保温効果《ほおんこうか》でイネを低温から守ります。おふとんみたいな活躍《かつやく》をしてくれるんです！

そして、そして。水が張《は》ってあると呼吸《こきゅう》できないので、雑草《ざっそう》が育ちにくくなります。最高すぎますね！　ていうか、水の役割《やくわり》ってこんなに多いのか！

でも、水は入れっぱなしでいいわけではありません。あとのページにも出てきますが、時期によっては水をぬいたり、入れたりして、水量をこまめに調整します。お米ができるまでにはいろいろな作業があるけど、けっきょくは水の管理が地味にたいへんだし、重要だと、農家のみなさんは口をそろえて言うんですよ。

お米の生長にはきれいな水が必要だと聞いたことはありましたが、水の管理も重要だとは知りませんでした！　田んぼ＝水の管理！　これは、教科書にはのっていない情報《じょうほう》かもねっ！

田んぼを平らに整える、代《しろ》かき

しろかき？　白か黄？

なんか色の話かな？　そうじゃないよ！　代かきと書いて、しろかき。ぼくはこの作業を、泥《どろ》まぜフェスティバルとよんでいます。なにをする作業かというと、水を張《は》って泥のようになった田んぼの土を、さらに細かくくだいてかきまぜ、やわらかくして、土の表面を平らにする作業です。土がやわらかくないと、田植えの時に苗《なえ》をズポッと植えられませんからね。

そして、苗をムラなく生育させるためにも必要なのです。田んぼにこんもりと高いところがあると、そこだけ苗が水につかりません。ぎゃくに、へこんでいるところに植えた苗は、水中にしずんでしまうかもしれませんから。

代かきは機械でするのですが、完璧《かんぺき》にできるわけではありません。えーっ、そうなの!?

そこで出番！

ぼくたちは、こんもり高くなっているところの土をスコップですくって、低いところに運んでいきます。いや、スコップでぶん投げていきます！　投

まずは機械を使います

げる時は、陸上競技《きょうぎ》のハンマー投げの選手のように、「やーーっ！！」とさけぶことをオススメします。日ごろのストレスまで飛んでいきますよ。（笑）
どのへんの土をどこに運んだら（投げたら）いいかは、土が水につかっているところとそうでないところを見つけます。時どき哲夫《てつお》さんが、スマホを見ながらぼくらに指示《しじ》を出してくれます。「ここ、いつも低くなるから重点的にお願いします」と。
さすが、令和《れいわ》時代のスマホです！　田んぼの高低差がわかるようなアプリがあるんですねぇ♪　「今の時代はほんとうに、なんでもアプリが解決《かいけつ》してくれるんだなぁ」と感心しながら、ぼくは哲夫さんのスマホをのぞきました。
するとっ！　画面にあったのは、ただの写真でした。去年代かきした時の写

これでどこも同じ高さになったな!!
どこがだよ!!!

真を見て、低くなりそうなところを哲夫さんが予想し、指示を出しているだけでした。スマホを使っているだけで、かなりアナログなやり方です……。

パワフルすぎる……

最初のうちはね、ただの泥遊びにも見えるような楽しい作業！　でも、ジャブジャブに水をふくんだ土はとても重いし、そんなところを歩いて移動《いどう》するだけでもたいへん！　はじめは「ちょっと〜、こっちに泥飛んできてますよ〜！」とか言いながらキャッキャやっていますが、20分もすれば汗《あせ》だくになり、冗談《じょうだん》の一つも出てきません。

先輩《せんぱい》芸人のエナジー西手《にしで》さんに体力でおとるぼくは、とちゅうで休みながらの

作業になるので、なかなかペースが上がりません。対する西手さんは持ち前の体力で、口数はへりながらも、スコップを動かす手を止めません！　ぼくは、ただただ感心するばかり……。ほんとうにすごい！

　しかし、そのパワフルさが裏目《うらめ》に出てしまいます。こんもりと高かったところの土をけずりすぎて、ぎゃくにくぼみをつくってしまい、哲夫さんをあわてさせていました。このように、よいところも悪いところもあることを、四字熟語《よじじゅくご》で一長一短といいます。

田んぼ界《かい》の大スター、田植え

いよいよスタート！

　やってきました！　5月から7月の間にあらわれる、だれもが知る田んぼ界の有名選手！　この時期になると、日本じゅうでおっちゃんたちが「もう田植えの時期か～」と、意味もなく発します。これは、「最近暑いですね」

や「お元気ですか?」とかとならんで、そんなに深い意味はないけれど、つい発してしまう言葉の上位ランキングにあることで知られています。それくらい無意識《むいしき》のうちに、田植えを気にしてしまう人が多いということでしょう!奈良県内でも地域《ちいき》によって、田植えの時期はバラバラです。哲夫《てつお》さんのところでは、6月のはじめから半ばくらいにやります。いよいよ、って感じですね!

それまでにがんばって整えてきた田んぼに、苗《なえ》を植えていく。苗は自分で一から育てる人と、植える状態《じょうたい》まで育った苗をJA《ジェイエー》で購《こう》入《にゅう》する人がいます。JAというのは、農家の人たちに農作物の作り方や売り方を教えてくれたり、農業に必要なものを安く売ってくれたりする、農家の強力なパートナーのような組合です。うわさでは、近所の田んぼと田植えの時期がかぶったりすると、JAに行列ができるとか……。その行列を人気スイーツ店とかんちがいして、ならんでしまう人もいるとかいないとか……。

田植え機に感謝《かんしゃ》

さあ、苗を植えるよ。とはいっても、手で植えるのではなく、田植え機という便利な機械があるからそれにまかせよう。

苗は、苗箱とよばれる箱に入っています。ぼくが見たのは縦《たて》が58センチメートル、横が28センチメートルで、3センチメートルくらいの深さ。箱の中では苗が、かなり毛の長いカーペットみたいな感じになっています。苗を取りだすというより、箱から苗をメリメリメリとはがす感じです。

はがした苗を田植え機の後ろにさしこんで、セットします。すると、ふつうの車じゃとても進めないようなドロドロの田んぼをモリモリ進みながら、かってに苗を植えていってくれるんです！　しかも、ちょうどよい量を、ちょ

うどよい間隔《かんかく》で！

哲夫さんの田植え機は４条《じょう》植えといって、いっきに苗を４列分植えてくれます。手で植えるのとはくらべものにならないスピードです。ありがとう田植え機！　ＬＯＶＥ《ラブ》田植え機！　でも、植える前には、田んぼに張《は》られていた水を軽くぬいておいてね。水がタプタプの状態だと、さすがの田植え機でも走りにくい。

答えを見っけ！

田植え機は折りかえすと次の列を植えていきますが、どの列も、ピシッとまっすぐに苗が植えられています。最初の列はあぜに沿《そ》えばいいから、まっすぐ田植え機を走らせられるだろうな。でも、あぜから離《はな》れて田んぼのまん中に行くにつれて、ななめになりそうなもんじゃない？　人間って、そんなまっすぐに機械を進められる？　いや、もっとウネウネになるはずやろ！

ぼくが探偵《たんてい》のような目で田植え機を見つめていると……。あっ、答えが！　田植え機の横に、ほっそい細い金属《きんぞく》探知機みたいな棒《ぼう》が出ている！　苗を植えながら、その棒が「次に走る列はここ。この線に沿ってね〜」って、線をつけてくれているのです。こんなほっそい棒、意識していないと気づきません。

折りかえしたあとは、その線をたよりに進めばまっすぐになるということです。自分の進む道筋《みちすじ》を自分でつける！　田植え機ちゃんは、なんてしっかり者なんでしょう。

いくつもの理由

苗をまっすぐに植えるのには、もちろん理由があります。それは、まっす

ドドド…
ガガガ…
（あるある）3列同時に植えているのになぜか苗《なえ》のへるスピードがちがう
※このイラストは3条《じょう》植え
こんなほっそい棒《ぼう》で線をつけてるのかよ!!

ぐのほうが見た目が美しい、なんかていねいに育てている感が出るから……、ではありません。（笑）まっすぐ、きれいに苗がならんでいれば均等《きんとう》に日があたるし、風通しがよくなるからです。

そして、雑草《ざっそう》の処理《しょり》もしやすいからなんです。なんで、この列では苗がはみでているんだ？　そうか！　雑草か、という具合に存在《そんざい》が目立つのです。雑草をぬく作業もしやすいです。まあ、プロの農家さんなら、雑草かどうかは見たらすぐにわかるんですけどね。ぼくレベルだと3秒くらいかかります。（笑）

そして、もう一つ理由があります。稲刈《いねか》りをする時に、大きく育ったイネのまっすぐな列に沿って機械を走らせればよいので、効率《こうりつ》もアップ！

昔はそんなことは考えずに、エッホエッホとがむしゃらに植えていたらしいです。百年ほど前に、「きれいに、まっすぐ苗を植えたほうがぜったいにいいじゃん」と、どこかのかしこい人が気づいて、今のような植え方になったそうです。

近くに田んぼがある人は探《さが》してみてほしいのですが、ぐっちゃぐちゃに苗が植えられている田んぼはないはずです。

それにしても、まっすぐに速く、苗を植えられるなんて田植え機はすばらしいなぁ。よしっ、田植えはすべてを機械にまかせよう。ぼくの出番はなさそうですね……、哲夫さん。

田植えには手植えも必要なのだ

田植え機のさけび！

「オレ、一人で全部やるの、むりやって！」

急にどうしたんだよ、田植え機。田植えを終えた田んぼを見ると、そこには衝撃《しょうげき》の光景が！　なんと、ところどころに苗《なえ》が植わっていない場所が！

「おいっ、田植え機！　君にすべてをまかせれば、完璧《かんぺき》に植えてくれるんじゃなかったのかよ！」

「いいえ、田植え機にも限界《げんかい》があるんです。植えられない場所があるんです」

そうなんです。みなさん、知らなかったでしょ？　ぼくはもちろん……、知りませんでした。機械最強だと思っていましたから。

そんなところも、またかわいい田植え機。そもそも田植え機は、軽自動車くらいの大きさがあるんです。そして、ぬかるみの中での作業なので、右に20センチメートル寄《よ》せるとか、細かな動きは苦手なんです。

自動車を駐車《ちゅうしゃ》する時は、前後に切りかえしたり、ちょっと右に寄せたりして、チョロチョロとその場で調整しますよね？　田植え機は、それよりも自由がききません。ということで、田んぼのはしまで苗を植え、Uターンして次に苗を植えるとなりの列にピタリッ、ということがむずかしいのです。

そりゃ、田んぼのはしに植え残しが出るのもしょうがないですね。田んぼが四角形だったら、四すみも苦手。植え残しができてしまいます。

そういうところは……、ぼくたちの出番！　田んぼに入って、苗を手植え!!

えっさ、ほいさ！

植え残し、こんな理由も

田んぼって、まっすぐな直線でできたきれいな四角形を思いうかべませんか？　でも、実際《じっさい》にはそうでもないことが多いです。なぜかというと、田植え機などの機械を田んぼに入れるためのゆるい坂道がついているからです。現代《げんだい》の田植え機に、大ジャンプして田んぼに入ってくれる機能《きのう》はありません。どうしても、この坂道が必要なのです。

　田んぼがきれいな四角形なら、まっすぐにガーッと田植え機を走らせ、がんばって折りかえしたら、またまっすぐにガーッと走らせ、また折りかえして……をくりかえせば、ちょっとくらいの植え残しはあっても、ボチボチ苗を手で植えればすみます。

　しかし坂道があると、田んぼでまっすぐに田植え機を走らせたあと、坂道をさけるように左に（あるいは右に）5メートルほど進み、また前を向いてちょっと進み、今度は右に（あるいは左に）……、と方向転換《てんかん》が多くなります。めっちゃたいへん！

方向転換する場所では、苗の植え残しが多くなりやすいのです。そこを、手で植えなくてはいけません！

ひぇ～！

さらに理由が……

哲夫《てつお》さんのところの田植え機のように4条《じょう》植え（4列ずつ苗が植えられる、ありがたい機械）だと、田んぼのはしから順に4列、4列、4列……、と苗を植えていきます。でも、最後まで、ピッタリ4列で植えられるとはかぎりません。

最後のスペースが1列分だったり、2列分だったり、3列分だったりする

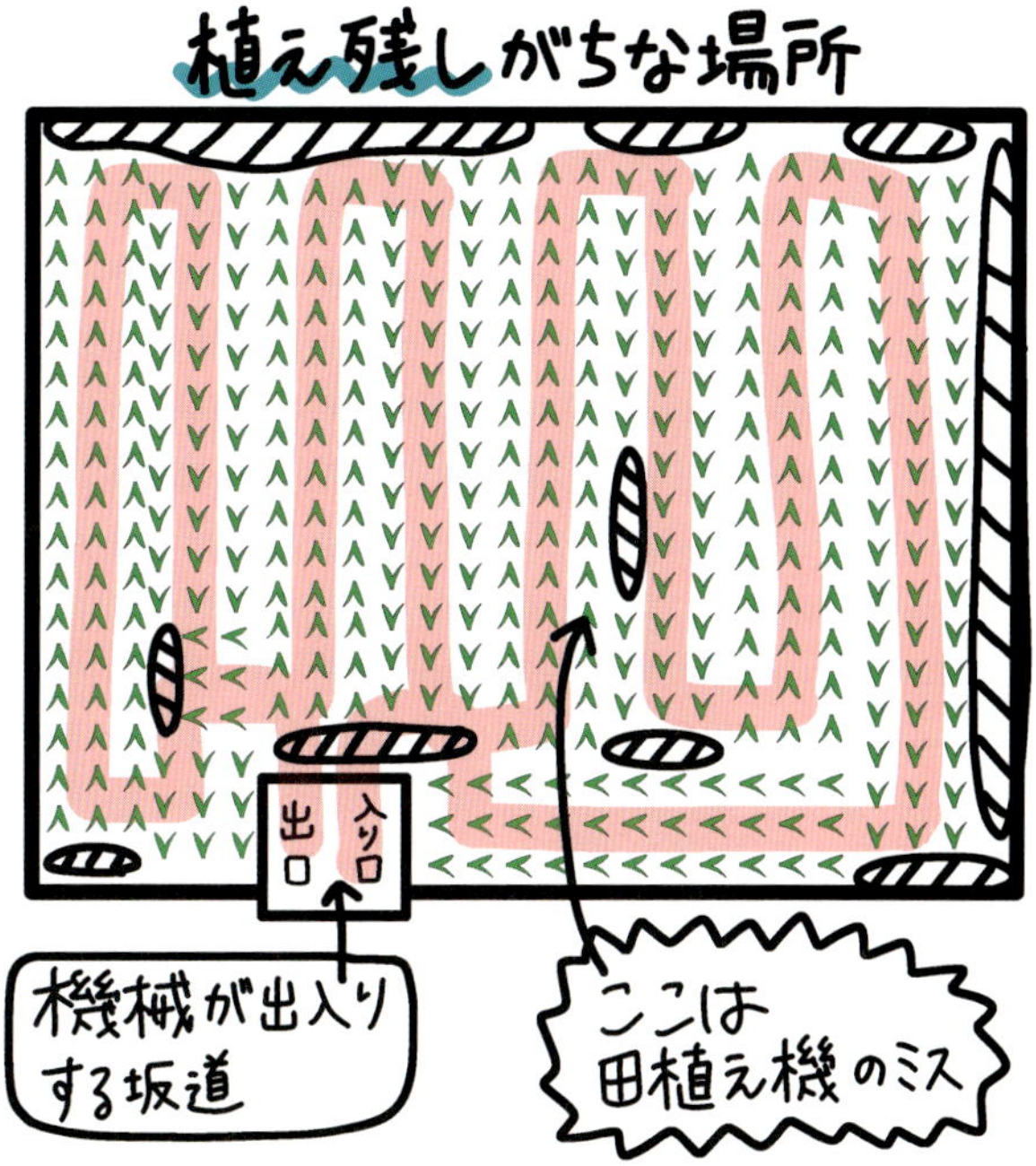
植え残しがちな場所
出口
入り口
機械が出入りする坂道
ここは田植え機のミス

こともあります。田植え機がフクロウのように、自在《じざい》に体をスリムにしたり丸くしたりできるなら……、もちろんむりです！

例えば最後のスペースが1列分だとして、そこにむりやり田植え機で苗を植えようとすると……。植え終えたとなりの3列分の苗をバッタンバッタンなぎ倒《たお》しながら、機械を走らせることになります。そんなもったいない、そして悪役みたいなことはしたくないので、手で植えます。

こんなにすばらしい田植え機なのに、けっきょくは人間の手が必要だなんて……。

田んぼからの挑戦状《ちょうせんじょう》か？

植え残しはこれで終わり……、そうはいきません。田植え機が通ったのに機械のミスで、なぜか苗が植えられていないところがあったりするんです。まあ、これはほとんどないのですが、たまーに穴《あな》ぬきになっているところがあります。機械も、なかなかの気分屋なんですよ……。そんな場所が残っているともったいないので、田んぼ全体を見わたしてチェックします。

はじめこそは、田植え機だけじゃダメなんて、〝機械のくせに、しょうがない子だねえ！〟なんて思っていました。

でも、沼《ぬま》のようにぬちゃぬちゃになった田んぼに入って、苗を中腰《ちゅうごし》で植えるしんどさは、はんぱじゃない！　ひざ、腰まわり、ほかにもありとあらゆる筋肉《きんにく》が悲鳴をあげるし、体力ゲージはものすごいスピードでけずられていく！　ぼくに回復《かいふく》アイテムをわけてくれっ……。

ちなみに、ハイレベルな最高級田植え機ならすみのすみまで苗を植えてくれて、手植えがまったくいらないと、風のうわさで聞いたことがあります。

そんなにすばらしいなら、サンタさんにお願いしよっかな～っ。

さあ、手植えタイムのはじまりだ!

3本くらいの苗《なえ》の束

さあ、手で植えていくぜ! で、1束の苗は3本って、けっこうものたりなく感じる量なんですよ。植え終えた時の見た目も、田んぼはかなりスカスカ。ほんとうに、こんな本数でいいの?

小学5年生の田植え体験に、ぼくも参加しました。最初は教えられたとおりに、みんな3本くらいの苗を束ねて植えているのですが、だんだん苗の数がふえていって……。最終的には10本くらいの束

植えるのはこのくらいでいいようです

にして植えていました！（笑）「もっと少なくていいよ～」と言われても、「3本でいいの？　たよりないよ……」と不安になるんですね。

昔の田植えでは10本くらいの束にして、間をあまり空けずに、ミッシリモサモサに植えていたらしいです。今はぎゃくに、ほどよく間を空け、苗の本数を極力へらすらしいです！　田んぼ界にもトレンドがあるんですね。

哲夫《てつお》さんによると、束にする苗の本数が少ないほうが、育ちがいいとのこと！　なんでや？　ふしぎ～っ！

研究によれば……

苗の数が多すぎると、苗と苗にはさまれた苗が太陽の光をあまり浴びられないし、根もノビノビとのびないんですって！　なので、田んぼ全体で見ると収穫《しゅうかく》

できるお米の量がへってしまうそうです。

しかも、育ちの悪い苗は病気にもかかりやすい。なんか、踏《ふ》んだり蹴《け》ったり……。だから、苗を植える時は少なく感じるくらいでいいんですね。

田植えをする時の苗の間隔《かんかく》についても、エラそうに説明させていただきます！　今までは15センチメートルくらい空けて植えていたものを、最近は20から25センチメートルくらいで広めに植えることが多くなっています。イネの本来の力をもっとも引きだせる間隔だそうです。イネが生長していく時に、根がよりファサファサにのび、茎《くき》もより太くたくましくなるんですから。台風で強風がふいても倒《たお》れにくく、病気にもなりにくいんですって！

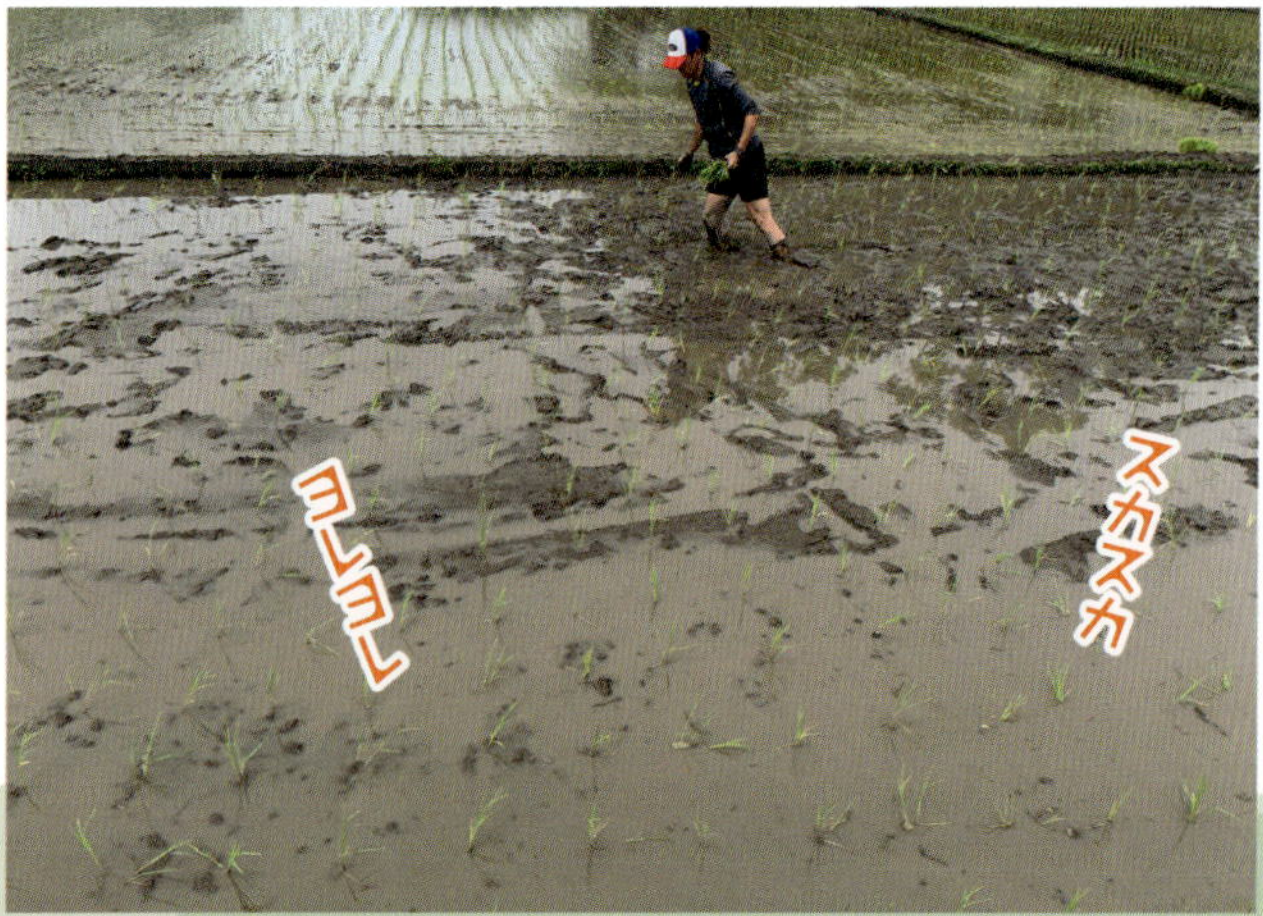

苗《なえ》が細くて、少なくてたよりなさそうですが……

そして、ふしぎなことに……。苗の束の本数を少なく、間隔を広げても、収穫できるお米の量は、以前と同じくらいなんですって！　これってもしや……、苗の量がかなりへるから節約にもなるんじゃないか？　作業量もへるんじゃないか？　だいたい40％くらいの節約になるらしいですよ！　えっ、最高!!　まさにＳＤＧｓ《エスディージーズ》です！

手植えのあとは……

手植えの時、なによりたいへんなのは足腰《あしこし》です！　足がぬけなくなるようなジュクジュク田んぼを、中腰で歩いて作業する……。しかも、太陽がガンガン照りつける６月に！　キッツい、キッツい！　コンクリート道路がいかに歩きやすいかが実感できて、なみだがあふれそうになります。エアコンガンガンの

ひざ下まで泥《どろ》の中。歩くだけでもキッツイ！

部屋がいかに心地よいものなのかが実感できて、よだれがあふれそうになります。いろんなものがあふれそうになっている中で、中腰ですよ！

田植え機がなかった時代、よくも倒れずに手植えをしていたなぁと、ふしぎでなりません。倒れた人がいたかもしれませんが……。

ぼくは手植えを終えるといつも、スポーツドリンクいっき飲みフェスティバルと、ひざまわりや太ももの筋肉《きんにく》がパンパンに張《は》る筋肉痛《きんにくつう》フェスティバルを同時開催《かいさい》します！　筋肉痛フェスティバルは3日くらい続きます。（笑）

小学5年生と田植え

はじめて入る田んぼ

奈良県桜井市《さくらいし》にある城島《しきしま》小学校で、５年生が田植えを体験する授業《じゅぎょう》がおこなわれました。遊休農地《ゆうきゅうのうち》という、使われていない田んぼを有効《ゆうこう》活用しようというＪＡ《ジェイエー》の取り組みの一つです。使わない田んぼが草ボーボーになるよりも、利用されたほうがいいですよね。ということで、ぼくもそこに参加しました！（※ぼくは小学5年生ではない）

奈良県桜井市は、山も、畑も、田んぼもあるのどかな地域《ちいき》ですが、城島小の子どもたちのほとんどが、田んぼに入るのははじめてでした。それなら、東京で生まれ育った子どもなら、田んぼすら見たことがない子もいそう。さあ、どんな田植えになるのか!?

田植えは、ドロッドロの田んぼに足を入れなくてはなりません。これが、まずたいへん！　みんな、なかなか田んぼに入る勇気が出ません。「一度入ったら、気にならなくなるよ！」とはげまし、なんとか全員が田んぼに入って

くれました。それだけで10分くらいかかったかも！　一度入ると、ドロドロで気持ちいいとか、思ったより温かいとか言いながら、楽しそうにしてたけどね。田んぼでしか味わえないあのなその感覚、ぼくも好きなんですよね～。

でも一度やれば……

いよいよ手で苗《なえ》を植えてみようか、というところでまた問題が！　足はいいけれど、手が泥《どろ》まみれになるのはイヤだ、という子がたくさんあらわれました。苗を持って、田んぼに立ちつくすだけのおおぜいの小学生。気持ちはわかります。苗を田んぼにさしこむと、手首の上くらいまでドロドロになりますからね。

ドロドロの田んぼに入り、いろいろなことを学び、感じました

でも、これもさっきと同じで、一度やれば気にならなくなる。それに、爪《つめ》の中に砂《すな》が入っても、おふろで頭を洗《あら》ったら、かってに取れるからだいじょうぶ！　そんな中に、無敵《むてき》小学生もいました。なぜか服をドロまみれにする子や、見たことのない虫にテンションがあがる子。ぼくをドロまみれにしようと必死になる子もいたな……。（怒《いか(り)》）

足と手の問題をこえると、あとはかんたんかな。教わったとおり、苗を2本から3本ずつ持ち、同じ間隔《かんかく》でまっすぐ植えていきます。ぼくがはじめて田植えをした時と同じで、「1つの束、苗がこんなに少なくていいの？」と、みんなが不安そうな顔をしていました。気持ちわかるよ～。まっすぐではなく、ガタガタになりながらも楽しんで植えていました。

キツい、楽しい

ここで田植えの現実《げんじつ》が小学生を襲《おそ》う！　57ページで読んだことを覚えていますか？　田植えでは、足腰《あしこし》がスーパーウルトラつかれるということを。15分くらいで、みんなつかれてきました。だんだんと植える間隔が広くなり、一度に手に持つ苗の本数が5倍くらいになっているではありませんか！　フサフサすぎる！（笑）　そして、そこらじゅうから聞こえる「つかれた！」

という声。ほかの人の分も植えたがる、天性《てんせい》の農業LOVE《ラブ》な子もいましたが、やっぱりみんなしんどいよね。キツいのも、楽しいのも、すべて田植えの現実だ！

　でも、まあ終わってみると、みんなニコニコ。「楽しかった」と言っていたので、よかったです。ぼくも同じくらい楽しかったよ！

　この田植え体験の前にはお米についての説明があったり、田植え機が田植えをするところを見たりしました。はじめて見る、デカすぎる田植え機に、みんなおどろいていました。はじめてづくしで、しげきにあふれるこういう授業はいいですね！　教科書だけではわからないことも、実際《じっさい》に見て体験すれば、いろいろと感じることができますもん。さぁ、みんなが植えた田んぼは、秋にどんな姿《すがた》に変わっているかな？

田植えまちがい探《さが》し

７個《こ》のまちがいを見つけよう。

①このピンク色はジャンボタニシの卵《たまご》（72ページ）。でも、こんなに大きくないよ。

②Riceは「お米」、Rice fieldsで「田んぼ」という意味（ぼくは知らなかった）。Niceになっている！ このまちがいに気がついたあなたは、ナイス！

③田んぼには日かげがないから、つばの大きいぼうしをかぶろう。熱中症対策《ねっちゅうしょうたいさく》！

④田植えの時に、笛《ふえ》はいりません！

⑤これは植えすぎ！ 集中力がなくなるとこうなりがちです。苗《なえ》の本数は少なめに……。

⑥田植えの時期は暑いから半そでを着たいけれど、虫にさされたりするよ。がまんして長そでにしよう。

⑦田植えの時、苗をしっかりと土にうめこまないと、こんなふうになるんです。

正しい絵はこちら！

第2章　米作り　【夏】

分《ぶん》げつ、1本が5から6本に！

夏に近づくこの時期

「あれ!? この前見た田んぼって、こんなに緑色だったっけ?」

ぼくは大声でこうさけんで、尻《しり》もちをついてしまいました。田んぼ一面に緑色が広がっているではありませんか！ 田植えを終えた時、苗《なえ》は細くてなんだかスカスカで、土の茶色の中にぽつりぽつりと苗の緑色が見える程度《ていど》でした。あの時の「ほんとうにだいじょうぶかよ?」という心配が必要ないくらいの美しい変化！ イラストとかでよく見る田んぼって、これですよ！ これ！

田植えの時とはおおちがいです

なにがどうなって変化した？

田植えの時は、苗を３本くらいの束にして植えていましたね。その苗が生長すると、茎《くき》の根に近い部分から、新しい茎がわかれるように生えてきます。１本の茎が、５から６本にもわかれていくんです！

つまり、５から６本にわかれた苗が３本あるから……、今見えているのは１束20本くらいの緑。３本が20本に!?　緑・緑・緑の緑すぎ！　そりゃあ、田植えの時とは見た目がまるっきり変わるわけですね。

ちょっと、想像《そうぞう》してみましょう。友だちの家で３人で遊んでいます。３人で遊ぶのは、あり得《え》るじゃないですか。せまい部屋でも入れるし。でも、20人で遊ぼう、となったらどうですか？　20人も入るとせまいし、すわるところはないし、ギチギチになりますね。暑くもなるし。

こうやって分《ぶん》げつする
分げつしてあらわれた茎《くき》

「3人の時とくらべて、めっちゃ人多いな！」と思うでしょう。そんな感じです。

もっさりした緑に変わった田んぼでイネを見ると、田植えの時はひょろひょろだった根元が、かなりどっしりと太くなっています！　茎の一つ一つから穂《ほ》が出るので、どっしりとたくましい茎になればなるほど、たくさんのお米が収穫《しゅうかく》できます。苗がわかれていくこの時期を分げつ期といいます。分れつじゃないからね！

哲夫《てつお》さんの教え

ぼくは田植えの時、哲夫さんに「1束の苗を多くしすぎないように」と何度も言われました。スカスカだなと感じても、その言葉を信じて植えつづけました。

で、あまりにもフサフサすぎる田んぼを見た時に、「あれ？　田植えの時に、思ったより植えすぎてしまったかも！」「哲夫さんにあれだけ言われたのに、なんてミスをしてしまったんだ！」と大あせりしました。

　でもこれが、イネが生長して分げつした姿《すがた》なんです。ああ、よかった。

　哲夫さんと2人で歩いている時、田植えが終わったばかりのほかの農家の田んぼを見て、「苗を植えすぎやなぁ。田んぼがかなり緑色やろ?」と言われたことがありました。たしかに、その田んぼは分げつ後の田んぼくらいの緑色でした。あの田んぼは今ごろ、ファッサファァサの森みたいになっているんじゃないか……。

　という心配は、じつは必要ありません。えっ、て？　なぜなら、分げつしすぎるとお米の質《しつ》が落ちてしまうので、ひと株《かぶ》が20本くらいの茎になったら、田んぼの水をなくして分げつをストップさせるからです。だから、あの田んぼも、この田んぼも、どの田んぼも、分げつを終えた時の姿は、だいたい似《に》たような感じになっているのです。

　なので、田んぼの水をぬかずにずーっと分げつさせつづけ、田んぼをちっちゃい森みたいにするという、ちょっとへんなチャレンジャーがいたら、ぜひ結果を教えてください！

ジャンボタニシ

ピンク色のあれはなに?

田んぼと言えば? せーので言いましょうか。せーのっ!「なぞのピンクの卵《たまご》」ですよね! 近所に田んぼがある人は、一度探《さが》してみてください。あっ、子どもだけで行かないでくださいね。青あおとした美しいイネに、毒《どく》どくしいピンクの卵が産みつけられているのが、わりとかんたんに見つけられますよ。たらこのような粒《つぶ》つぶが何個《なんこ》も集まった、4.5センチメートルくらいのサイズ。見た目からはぜったいにポヨポヨしてそうなのに、さわったら、乾燥《かんそう》していてカチカチ! 海外のおかしでしか見たことがない強めのピンク色。これはいったい、なんなのか!

じつは、スクミリンゴガイの卵です。えっ、それなにって? まぁ、見た目は巨《きょ》大《だい》な、みなさんの手のひらくらいのタニシなので、ジャンボタニシとよばれて親しまれています。いや、親しまれてないか。まだ生長する前のやわらかいイネを食べるので、退治《たいじ》しなければなりません。

田んぼでこのピンク色は目立ちすぎます

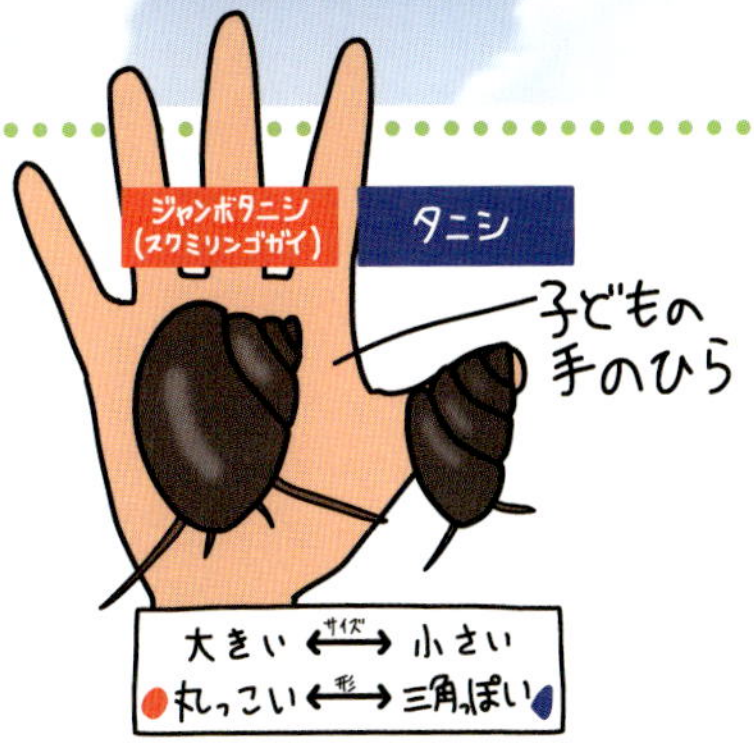

でもラッキーなことに、ジャンボタニシの卵は毒どくしすぎるくらいのピンクなので、すぐ見つけられ、かんたんにやっつけられます。

ピンク色のわけ

それなら、敵《てき》に見つかりやすいんじゃない？　イネと同じ色のほうがよくない？　みなさんも、そう思ったのではないですか？　ということで、その疑問《ぎもん》にお答えします。

今から、大急ぎで調べます……。ほほ～っ、なるほど。

卵は、この明るいピンク色であることがたいせつなんだそうです。こんな色は自然界にあまりないので、まわりの生き物たちが、「毒のかたまりみたいな色でこわいわ！」とイヤがって、近づいてこないんですって。だから、卵をねらわれることもないんですね。めっちゃへんな作戦。（笑）たしかにぼくらが見ても、「ぜったい、毒もってるやろ！」と言いたくなる色ですもん！

あの強烈《きょうれつ》なピンクには、ちゃんと理由があったんですね。ほんとうに毒をもっているらしいので、卵を取りのぞく時は手袋《てぶくろ》をしてね。そして、みんながおそれる色はこれか……と、しみじみ感じてくださいませ。

カエルはどこにいるでしょう？

田んぼには、さまざまな生き物がすんでいます。ところが〝パッと見〟では、どこになにがいるのかがわかりません。生き物たちの多くが、敵《てき》からバレないように土や葉っぱと同じ色をしているからです（例外もあり！）。

ここにある3枚《まい》の田んぼの写真のどこかに、カエルが1匹《ぴき》以上います。1匹以上といったのは、ぼくにも見つけられていないカエルが写っている可能性《かのうせい》があるからです。それでは探《さが》してみましょう！

けっこう、うまくかくれているでしょう？　カエルはいなさそうだなと思って、田んぼに足を一歩踏《ふ》みいれたら、大量のカエルがいっせいに逃《に》げだすなんてことがあります。どこにいたのか、ほんとうにわからないのです。カエル、かくれんぼ強すぎ！

①
水草のおかげで見つけやすいかな

こたえ

②
マルチと
同じような色ですね

③
泥《どろ》なのか、カエルなのか……

雑草《ざっそう》取り、強敵《きょうてき》を倒《たお》す

仲間がいれば敵もいる

戦隊モノでは、正義《せいぎ》のヒーローをじゃまする敵がかならずいますよね。そんな敵が、田んぼにもあらわれてしまいます。それは雑草！

雑草は、夏前には登場します。こいつがいると、たいせつな栄養をうばわれていきますからね。栄養は全部、お米がおいしくなるために使いたいのに！　そして、雑草に引きよせられて害虫も集まってくるので困《こま》ります。

雑草が生えないようにあれこれ対策《たいさく》はしますが、「一本も生えませんでした」なんてむりなことなんでしょうね。かならずあらわれますから！

ということで、バトルしていきましょう。

生えてしまった敵

ぼくらは、どうやって戦っていきましょうか？　強烈《きょうれつ》なパンチとスーパーウルトラビームで……という、ヒーローのような攻撃《こうげき》なわけがありません。便利な機械？　そんなものはない！　あるかもしれませんが、見たことない。戦う手段《しゅだん》は、すべて自分の手！（笑）　田んぼに入って、一本一本雑草をぬく。ただ、それだけ！

とても地道で、シンプルですね～。みなさんも学校の花だんとかで、雑草をぬいたことがあると思います。それと同じです。でも、その場所が田んぼになるだけで、いっきにたいへんレベルがアップします！

顔に……!!
こっちはぬくなよ
こっちが雑草《ざっそう》

なぜかというと……。イネと雑草は緑色で、ちょっと似《に》ているからわかりにくい！　ちゃんと見たらわかるけれど、つかれてボーっとしていると、どっちがどっちだかわからなくなります。

そして、一度雑草をぬき終えたところ

に、確認《かくにん》のためにもう一度行ってみると、なぜかまた雑草が生えていたりします。雑草が最強すぎてすぐに復活《ふっかつ》したのではなくて、苗《なえ》にまぎれてぼくが見落としてしまったのですね。敵は、かくれ身の術《じゅつ》まで使ってくるんです。手ごわすぎる！

たいへんな理由はまだまだある

田植えの時と同じで、田んぼには水が張《は》られていてドロドロなので、ちょっと移動《いどう》するだけでも足がうまってたいへん！　そんな場所で、中腰《ちゅうごし》にならないといけないというきびしい状況《じょうきょう》。

さらに田植えの時よりも、力が必要！　田植えは苗をプスッとさすだけですが、雑草をぬく時は「っづ!!」と、毎回力をこめないといけませんからね。

そして、そして。中腰で雑草をぬこうとすると、ちょうどイネの高さがぼくのおでこあたりになります。だから、イネがサ〜サ〜とぼくのおでこをなでつづけます。その結果、どうなるのか？　おでこに小さいブツブツができて、かぶれます。一日じゅう、かゆかったです。これは予想していなかった。な

ので、つばのあるぼうしをかぶって、サ～サ～となららないように気をつけましょう！

なかなか強い敵でしょ？ 米作りの作業で、雑草取りの筋肉痛《きんにくつう》がいちばんひどかったです！ とくに、ひざまわりと腰。ひざの筋肉なんて、きたえる機会が少ないからだろうなぁ。そう思って、ふと哲夫《てつお》さんを見ました。哲夫さんのひざって、めちゃくちゃでかいんです！（笑）田んぼできたえられすぎ！

みなさんも友だちのひざを見てみてください。ひざが大きければ大きいほど、この敵（雑草）を何度も倒した強者《つわもの》の可能性《かのうせい》が高い！

キンキンなお茶

ぼくのあこがれ

田んぼには屋根がないので、夏なんかはほんとうに暑いです。もしもぼくがアイスクリームだったら1秒でとけてしまうでしょう。そんな場所なので、水分補給《ほきゅう》はたいせつです！　冷えた飲み物があったらうれしいです！

ところで、みなさん。いなかの映像《えいぞう》で、川の水が流れるところに飲み物やスイカを置き、冷やすシーンなんか見たことありませんか？　ああいうの、いいですよね～。飲み物やスイカが、とても心地よさそうにすずんでいる感じがね。ぼくは、それにあこがれていたんです。いつかやってみたいぜ、と。

ついに体験できる時がやってきました！　その日は気温が35度近くありました。哲夫《てつお》さんにお茶とコーヒーをいただいたので、田んぼの横に流れる用水に入れました。休憩《きゅうけい》の時には、キンッキンに冷えてるやろうなぁ！　楽しみがあふれ出し、ウヒャウヒャ言いながら農作業にとりかかりました。

2時間も作業をすると……

もう汗《あせ》だくで、クタクタです。それでもだいじょうぶ！ なぜなら、キンッキンに冷えたお茶とコーヒーがあるからね♪ やっぱり、こういう暑い日には冷たい飲み物をグビグビと流しこむのがいちばんの幸せですから。気持ちよさそうに水につかるお茶とコーヒーが見えます。

じゃあ、飲むとするか！ ぼくは飲み物に手をのばしました。がっ……。あれっ!? ぬるい!! 常温《じょうおん》？ ぼくは、ひざからくずれおちてしまいました。

よく考えてみろ、サルイン！ 気温35度の中で流れる水が冷たいわけがないだろ！ そんなぬるい水につけても、飲み物が冷えるわけがないだろ！

たしかに……、そうです。まあ、なにはともあれ、みなさんもぜひマネしてみてください！ ぬっるい飲み物がかんたんにできあがりますよ。

イネに試練を！　中干《なかぼ》し

水がひたひたに満たされて……

ここまでの田んぼは、イネにとってはだれもがうらやむ環境《かんきょう》でした。しかし、イネをあまやかすばかりではいけません。田植えから1か月くらいたったタイミングで、水をすべてぬいて、田んぼをカッサカサに乾燥《かんそう》させます。奈良では、7月半ばくらいのアッツイアッツイ時期です。これを中干しといいます。

これには、さすがのイネもイヤな顔をしているかもしれませんが、中干しをしたほうがよい理由があります。一つめは、イネの根っこが強く育ち、強い風でも倒《たお》れにくくなります。水をぬくことで土に酸素《さんそ》が入りやすくなり、その酸素を根から吸収《きゅうしゅう》してパワーアップするのです。

哲夫《てつお》さんは、少し目を離《はな》すとすぐ天気予報《よほう》や台風をチェックするくらい天気大好き男……。ではなく、農家にとって台風は強敵《きょうてき》なので、こまめにチェックしています。強い風がふくたびに倒れるようなイネはダメですから、たくましい根っこになってもらいましょう！

二つめは、分《ぶん》げつを止めてくれます。分げつとは、イネの茎《くき》がわかれてふえていくこと。茎がふえればふえるほど、いっぱいお米が収穫《しゅうかく》できるからうれしいじゃん！　そう思うかもしれませんが、量より質《しつ》！　穂《ほ》の一つ一つにじゅうぶんな量の栄養が行くよう、ほどよいところで分げつを止める必要があるんです。

中干しのやり方

さあ、やるぞ！　でも、だれもが予想するとおり、田んぼの水を外に流すだけです！　田んぼには、水を入れる場所と水を排出《はいしゅつ》する場所とがあります。排水する場所は、ふだんはふたで閉《と》じてあるので、田んぼの中に水がたまっています。そのふたをはずすと、あれ

水がどんどん流れでていくのを見るの、気持ちいいーっ！

よあれよと田んぼの中の水が外に流れでていきます。なので、中干しの作業は、ふたをはずすことくらいです。

しかし！　昔は、排水するためのひと手間をくわえていたらしいです。溝《みぞ》切《き》りという作業です。田んぼの中に何本か溝を掘《ほ》り、水が通る道をつくることで、よりスムーズに排水できるのです。ふたをはずして排水するだけじゃ、ものたりなかったんですね。

そして、ふたたび水を入れる時も、スッと水が入っていくのがメリットらしいです。でも〝昔は〟と言ったように、最近は溝切りをする農家はかなり少ないようです。哲夫さんも、「溝切りせんくても水切れるし、収穫量も同じやからな」と溝切りをしないスタイルを採用《さいよう》しています！

予想しなかった……

めずらしい溝切り体験をしたぼくは、めずらしい人間（?）でしょうか。せっかくなので、そのやり方をお教えしましょう。バイクのような形をした、溝切りの機械があります。それにまたがって苗《なえ》と苗の間を進むと、V字の溝がつきます。でも、バイクみたいな形のわりには、なにもしないと前に進んでくれません。自分の足で地面をけって、前に進むんです。（笑）だから、つかれます！

その機械はバイクくらいのサイズなので、田んぼの中で方向転換《てんかん》をしようとすると、どうしてもイネをなぎ倒してしまいます……。とんでもない罪悪感《ざいあくかん》！　でもイネは、なぎ倒されてもなにごともなく生長し、お米を実らせるらしいです。イネ、めっちゃたくましい！　でも、めっちゃ気をつかう！

そして、7月半ばといえば、あまりの暑さにだれもが絶望《ぜつぼう》している時期です。そんな時に田んぼの中に入ると、ぼくの腰《こし》の近くまでのびたイネが、全力で湿気《しっけ》をまとっているんです！　ミニサウナ状態《じょうたい》！　イネをかきわけるたびに、モワッとした熱気がこみあげるという恐怖《きょうふ》のステージ！　これは予

想できませんでした。

商品名はなんでしょう？

楽しそうに見えて、じつはつかれています

バイクみたいな溝切り機の商品名をどうしても知りたいって？　そうですか。そんなに言うなら、しょうがないので教えましょう。機械にまたがって作業をしている姿《すがた》は、まるで田んぼの表面を走るライダー！　だから、丸山製作所《まるやませいさくしょ》の「田面《ためん》ライダー」。どうだ！　まいったか！

まぁまぁ、そんなことをワイワイ言っているうちに、あっという間に時間が過《す》ぎ、10日ぐらいたちました。哲夫さんの田んぼでは、中干しする期間はだいたい10日間と言っていました。さあ、水を流しこんであげましょう！　乾《かわ》いてひび割《わ》れていた田んぼが生きかえる〜。

排水《はいすい》するしくみ

排水口のなぞ

田んぼには水を入れるところと、水を外に出すところとがあるんですが、これらをうまく使いわけて、田んぼの中の水量を調整します。それで、田んぼの排水口のことは、ぼくの中でずっとなぞでした。こんなしくみで水をせき止められるわけないよ……、ってね。

排水するところを、みなさんは見たことがありますか？　ぼくがよく見かけるのは、排水口に横長の木の板を下から順に何《なん》枚《まい》も差しこんで水をせき止め、木の板をはずすと外に流れでていくしくみです。いちばん上の板をはずすと、少しずつ排水されます。いっきにドバドバ水をぬきたいなら、いちばん下の板まで全部はずします。

この木の板はおそらく、それ用に販売《はんばい》されているものではなく、自分で木を切って

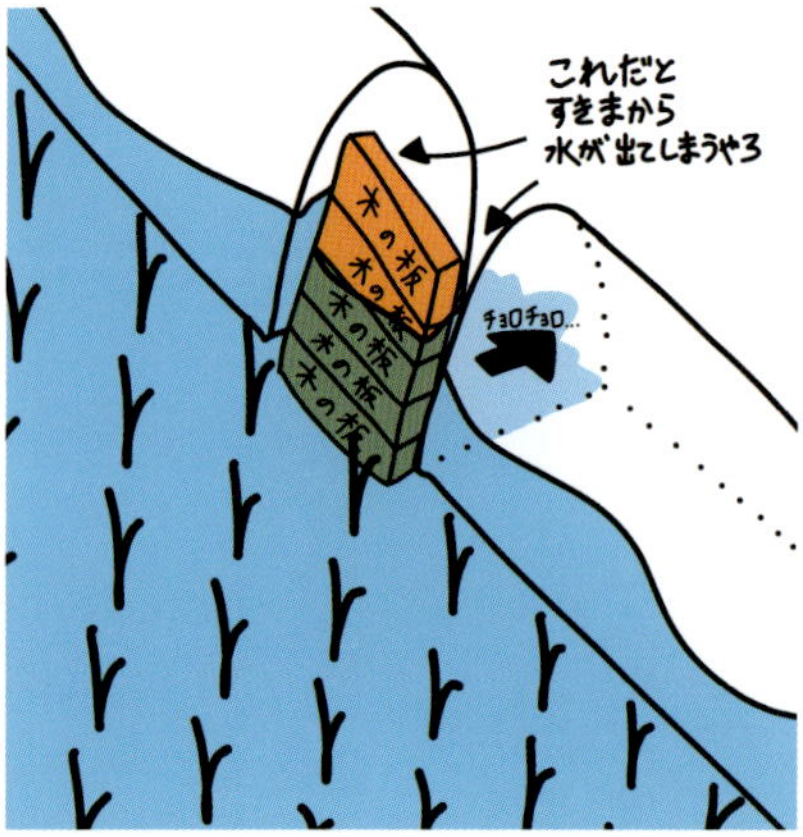
これだと
すきまから
水が出てしまうやろ
木の板
木の板
木の板
木の板
木の板
チョロチョロ…

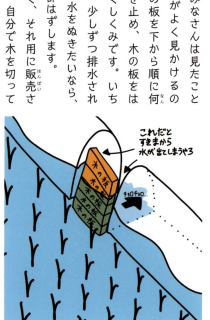

つくったものです。ぼくは子どものころ、「これだと、木と木のわずかなすきまから、チョロチョロ水がぬけていくやろ。でも、そうでないのは、なんで?」と疑問《ぎもん》に思っていました。みなさんも、そう思いましたよね? なので、その疑問にお答えしましょう。なぜ、水がチョロチョロぬけないのか、を。

よく見たらわかった!

排水口でがんばっているのは、木の板だけではなかった! 肥料《ひりょう》が入っていた袋《ふくろ》や、周辺の土も使っていたのです。まずは、肥料の袋でおおうことで、すきま一つない排水口を実現《じつげん》。さらに、その袋が水の力でひらひらと流れていかないように、こんもりの土で袋を固定。なーんだ、木の板だけで水をせき止めていると思ってたよ。そういえば、排水口では肥料の袋もチラッと見えてはいました。

では、水を外に出したい時の手順です。まず出口付近に集められた土をスコップな

どで取りのぞきます（この土は、また閉《し》める時に使うから、近くに置いておいてね）。そして木の板を、必要なだけはずします。最後に、水が出ていこうとするのをじゃましないように、肥料の袋を折りまげます。そうすれば、気持ちよく水が外に流れていきます。ジョボジョボゴゴゴーってね！

あれだけ田んぼに水があったのに、あっちゅうまに干上《ひあ》がっていきます。これがほんとうに気持ちよくて、4時間くらいは見ていられますね。

排水口は、このしくみ以外にもいろいろあると思うのですが、なぜかぼくはこれしか見たことがありません。もっと令和《れいわ》っぽい排水のしくみもあるはずなので、みんなも探《さが》してみて、いいのがあったら教えてね。でも危《あぶ》ないから、子どもだけでは行かないように！

出穂《しゅっすい》、そして花が咲《さ》く!?

8月ごろの田んぼ

田んぼが、さらに田んぼっぽくなります！　というのも、ここでようやくお米を作ってくれそうな見た目に変化するんです。この時期のことを、穂《ほ》が出ると書いて出穂期とよびます。

穂という漢字の音読みは〝すい〟なんですね。勉強になりました。ちなみに調べたのですが、穂を〝すい〟と読ませる熟語《じゅくご》はたくさんありません。だから、出穂という言葉に出会えたみなさんはとても幸せ者ですよ！

穂が出るということで、薄黄色《うすきいろ》のようなつぶつぶしたものがあらわれるので、これが生長したらお米になるんだろうな、と実感できるようになります。

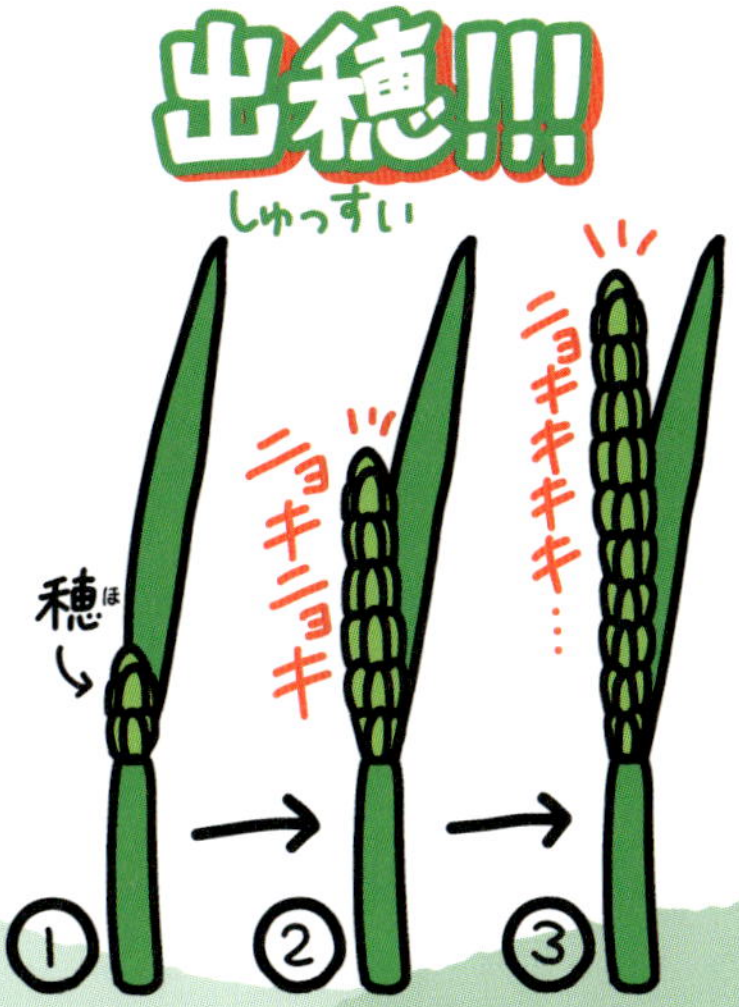

これまでのイネは、ネギやニラだとだまされてしまうような姿《すがた》でしたからね（それは言いすぎです！）。

プロの腕《うで》

出穂期とは、だいたい半分くらいの穂があらわれた時期のことをいうので、すべての穂がつぶつぶと出ているわけではありません。それでも田んぼは、それまでのあざやかな緑色というより、薄黄緑色のような感じに変化しているので、「やれやれ、今年も暑い夏を越《こ》えたぜ！」と時の流れを感じることができますよ。

出穂の時期は、稲作《いなさく》の一年で、水も酸素《さんそ》もいちばん必要なんですって。なので、田んぼにたっぷり水を入れて、イネにたくさん水をあたえたら、次は水をぬいてイネに酸素を行きわたらせたりと、数日ごとに水を入れたりぬいたりします。いそがしい。水が張《は》っていたら、根元から酸素を吸収《きゅうしゅう》することができませんからね。たかが水、されど水。この水の出し入れが、プロの腕

穂《ほ》が出てきました

の見せどころなんだとか。

穂ぞろい期

完全に出穂し終えた時期を穂ぞろい期といいます。ここからの約1か月間は、暑い晴れの日が続けば続くほど、おいしいお米になるんです。ぼくらが朝のお天気ニュースを見て「今日も暑いんかよ～」と、心に少しダメージを受けている時、田んぼではイネが「今日も暑いんだってよ！　最高♪　最高♪」とよろこびを爆発《ばくはつ》させているんでしょうね。

なので、夏のどうしようもない暑さが続く時は、「今年のお米、楽しみだなあ……」とつぶやくようにしましょう。

そして出穂のあと、すぐにあのイベントが発生します。イネの花が咲くんです！　田んぼ一面に、あのきれいな花が咲くのを見ると、日本人でよかっ

穂《ほ》
これが何本も集まって1株《かぶ》になる！

たと思わずにはいられませんよね……。えっ？　そんなの見たことないって？　すいません！　勢《いきお》いでうそをついてしまいました……。ぼくはイネの花を見たことがありません。イネの花が咲くのはほんとうですが、田んぼ一面にきれいな花が咲くというのはうそでした……。花は咲くけど、見たことがない。なぞなぞ、か？　どういうこと？

正しい情報《じょうほう》

イネの花は出穂したあと、すぐに咲くようです。それは晴れた日の午前中の、たった2時間くらいらしいです。しかも、みなさんが思いうかべるような、大きな花びらがどうどうと咲きほこるやつではありません。白っぽい、ちっさいおしべが見えるだけなんです。どれくらい小さいかというと、みんなの小指の爪《つめ》くらいの大きさ。そんなに小さいうえに、咲いている時間がいっしゅんなので、見られたらかなりラッキーです！

一つの穂に100個《こ》くらいの花が咲くらしいですが、小さいから田んぼ一面が白くなるわけでもないそうです。ぼくは気づかずに、通りすぎていたんだろうなぁ。

ちなみにプロの農家さんは、においで「あれ？　今、近くで咲いてる！」とわかるらしいです。なんか、ほんのりお米っぽいにおいがするらしいのですが、ぼくみたいなお子ちゃまにはわからないくらい、わずかな香りなんですって。そのにおいに出会えた人は、どんな感じだったかをぼくに教えてください。（笑）

稲刈《いねか》り前の準備《じゅんび》、落水《らくすい》

間もなく稲刈り

もうちょっとだけ待ってね！　それでは、稲刈りをするための最終準備をしましょう。出穂《しゅっすい》から1か月くらいたったタイミングで、田んぼの水をぬきます。田んぼの水全部ぬく大作戦！　おおげさに書いていますが、方法は中干《なかぼ》しと同じ。排水《はいすい》する場所のふたをはずすだけ。

これまでも、田んぼに水を入れたり、ぬいたりしてきましたが、これを最後にお水とはおさらば。ありがとう、お水！　そして、また来年会おう、お水！

稲刈り前に水をぬくこの作業を落水といいます。中には、落水期でなくても、水をぬくことを「水を落とす」なんて言い方をする農家さんもいます。なんだか、このほうが本格的《ほんかくてき》な感じでかっこいい！　ぼくも、マネして使おうと思います。

この落水から10日くらいたったら、ついに稲刈りがはじまりますよ！

やっとか〜。

天気とにらめっこ

落水のタイミングは、とても重要です！　早く落水してしまうと未熟《みじゅく》なお米になってしまうし、遅《おく》れて熟《う》れすぎても質《しつ》の悪いお米になってしまうらしい……。きびしすぎる！

しかも、落水の10日後くらいには稲刈りをしなければならないので、バタバタですね！　ほかの仕事をしながら農業もしている兼業《けんぎょう》農家さんだと、い

つでも稲刈りができるわけではないから、もっとたいへん!
実際《じっさい》、兼業農家さんには、「この日は仕事が休みで稲刈りできそうだから、その10日前のこの日あたりに水を落とそうか……。でも予定があるから、もう数日、落水する日を遅らせたいなぁ……」というような悩《なや》みがあったりするそうです。
哲夫《てつお》さんも、ふだんは芸人の仕事がいそがしいので、稲刈りができる日がかぎられます。せっかく逆算《ぎゃくさん》して落水の日を決めても、天気が悪くて予定が乱《みだ》れたりしたら、もうたまりませんね。これは、お手伝いだけをしているぼくらにはわからない世界です!
なので、農家のみなさんは天気とにらめっこの毎日! せっかく落水したのに、それから大雨が続いたら水をぬいた意味がないし、そのせいでお米の質も落ちますからね。落ちるのはお米の質じゃなくて、水だけにして〜と、農家のみなさんは口をそろえて言っていることでしょう。よっ！　超絶爆笑《ちょうぜつばくしょう》落水ギャグ！

ちなみに理由がもう一つ

稲刈りでは、コンバインという機械を使って田んぼの中を走って刈っていきます。だから、稲刈りの時に田んぼが水をふくんでタプタプ状態《じょうたい》だと、コンバインがはまってしまい、動かなくなる可能性《かのうせい》があります！　それを防《ふせ》ぐためにも、田んぼの水を完璧《かんぺき》にぬいて、土を乾《かわ》かすことがたいせつです。

土がよく乾いていると、それは、それは順調にコンバインも進むことでしょう！　落水はコンバインがラクラクスイスイ動くためにも必要だということ。ちなみに、コンバインがなかった時代も、人間が田んぼに入って作業するので、水をぬいていましたよ。

水がなくなり、もうすぐ稲刈《いねか》りです

第3章　米作り【秋と冬】

田んぼ界《かい》の二大スター、稲《いね》刈《か》り!

この前までは青あお……

気がつけば、田んぼが黄金色!

りっぱな穂《ほ》をつけて、まるで礼儀《れいぎ》正しくおじぎをしているみたいですね。ぼくも見習わなければなりません。

イネを、哲夫《てつお》さんが機械できれいに刈っていきます。コンバインという田んぼの中でも走れる機械を使うと、イネをバンバン刈ってくれるんです。なんてすばらしい機械なんでしょう。

左まわりに刈るのなら、まっすぐ進んで左に向きを変え、まっすぐ進んで……、をひたすらくりかえします。でも、安心してください。コンバインのスピードは歩くより少し速いくらいなので、目は回りません。

みなさんは、「哲夫さんが機械で進める稲刈りを見ているだけなの？」「あれ、機械で？　それなら手伝いは必要ないじゃん！」と思ったのでは？　じつは、コンバインという便利な機械を使っても、手で刈らないといけないところがあるんです！

お手伝いできることがあったぜ！

どこを手で刈るのかというと、田んぼの四すみです。四すみ？　コンバインでまっすぐ進んだあと直角に90度、左に向きを変えるのですが、その「向き変えゾーン」にあたる場所です。

なぜ、そこなんだ？　自動車や自転車で想像《そうぞう》してみましょう。まっすぐ進んだ状態《じょうたい》から、急にカックンッと左に向きを変えることはできませんよね。自転車のタイヤを持ちあげて、グワンと向きを変える神業はナシです。向きを90度変えるなら、前後左右に少しずつ動かしたり、ちょっとカーブをえがいたりして向きを変えると思います。コンバインにも、それをするスペースが必要なんです！

もし、先に四すみを手で刈らなかったら、それはそれはおそろしい現実《げんじつ》が待っています……。りっぱに育ったイネをギッタギタになぎ倒《たお》しながらコンバインを方向転換《てんかん》することになるんです。罪悪感《ざいあくかん》！　なので、先にぼくらが四すみのイネを手で刈って、方向転換ゾーンをつくっておくのです。

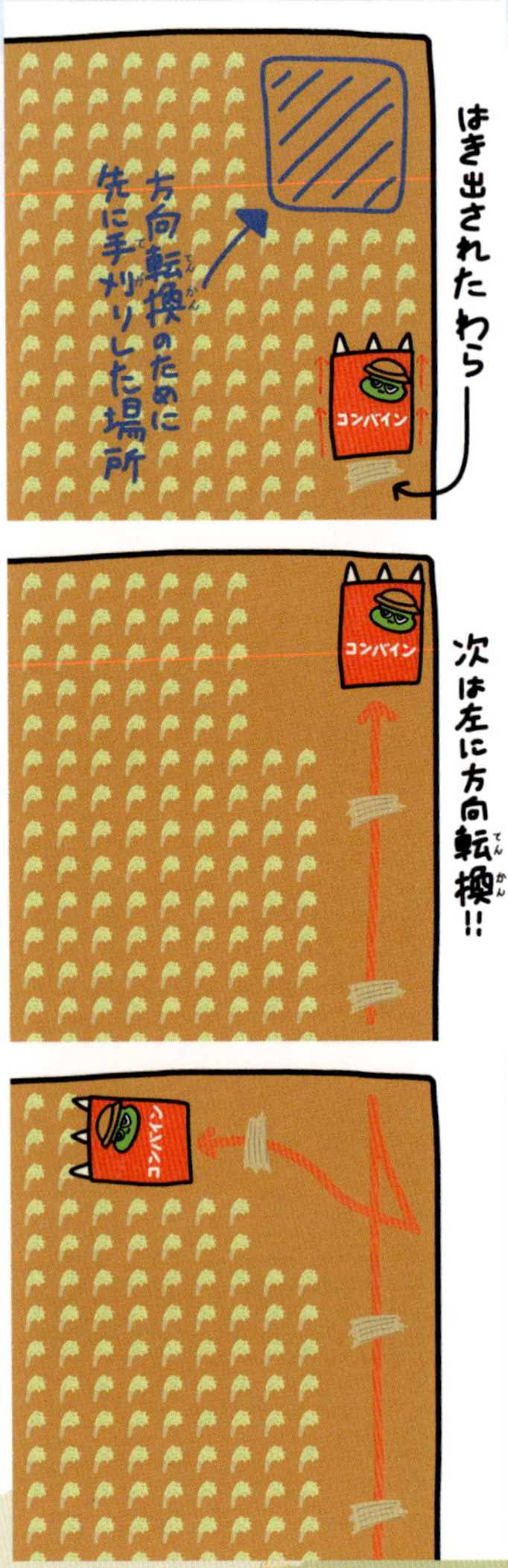
はき出されたわら
方向転換《てんかん》のために先に手刈《てが》りした場所
コンバイン
次は左に方向転換《てんかん》!!
コンバイン
コンバイン

ココ

コンバインはここで方向転換《てんかん》します

令和《れいわ》の時代になっても……

機械があっても、人間の手が必要なんですね。ぼくの手がないと稲刈りが進まないのかよ！　まったく、しょうがないなぁ……。そう思うと、なんだか楽しく感じてきます。たまりませんね。

あれっ、田植えの時の展開《てんかい》と……、似《に》ている!!　あの時も田んぼの四すみとかを、手で植えたな～。田植えといい、稲刈りといい、完全機械化ではなく、ちょくちょく手作業も必要になることは忘《わす》れないようにね。でもでも、これくらい手がかかるほうが、農業をかわいく感じるかも。いや、ぼくはかわいくてたまりませんよ！

そんなのんきなことを言っていると、農家さんから「全部機械でできたほうが楽で、いいに決まっているだろ！」と言いかえされそうですけど……。どうなんでしょうか？

あいさつするのがむずかしい

すばらしいな、あいさつ

みなさんは、あいさつが得意《とくい》ですか？　いやっ、得意とか、そういうのじゃないか！（笑）それはそうとして、だれかに会った時に「おはようございます」とか、「こんにちは」と言うだけで、心が通じあうような感じがしませんか？　言うほうも、言われるほうも気持ちが晴れやかになるような感じ！　だから、あいさつってすばらしいですよね。はずかしいという人も、勇気を出すことを心がければ、自然とさわやかなあいさつができるようになるはず。ここまでがあいさつ講座《こうざ》でした。

会話むずい!!

ぼくは哲夫《てつお》さんの15歳《さい》くらい年下です。芸人としても、人間としても大先輩《だいせんぱい》の哲夫さんですから、田んぼに到着《とうちゃく》すると「おはようございます。よろしくお願いします」とあいさつをします。が……、ところがどっこい！　ぼくがあいさつをしない、いやっ、あいさつができない時があるのです。

それは、ぼくがとちゅうからお手伝いに参加して、哲夫さんがすでにトラクターやコンバインなどの機械に乗っている時です。なぜなのか、みなさんも考えてみよ～う♪

わかるかな？

それでは答えです。機械の音が爆音《ばくおん》すぎて、声が届《とど》かないからでした。正解《せいかい》できたかな？　どれくらいの音かというと……、踏切《ふみきり》を列車が通る時の音よりもはるかに大きい。工事現場《げんば》くらいの大音量かな。会話ができないくらいですからね！

例えば、こんな感じです。

ガガガガガ（エンジン爆音）！

「おはようございます！　なんのお手伝いしたらよいでしょうかっ？（大声）」ガガガガガ（エンジン爆音）！

「えっ？　なんてっ？（大声）」

「お手伝いっ、どうしましょうかっ？（大声）」ガガガガガ（エンジン爆音）「ほなっ、○→：×☆▽□しといて！（大声）」「哲夫さん、なんて言ったんやろう……」

タイミングむずい!!

なのでとちゅうから参加する時、ぼくは、哲夫さんが今トラクターに乗っていませんように……と、神様に祈《いの》りながら田んぼに向かいます。みなさんは、トラクターの横まで行けば聞こえるんじゃない、と思ったことでしょう。わかる！でも、横に行っても、エンジンを切らないと会話はできません。

いそがしい哲夫さんは短時間で作業をすませないといけないのに、作業を止めさせてしまうしなあ……、と悩《なや》みます。なので、哲夫さんが機械を止め、一段落《ひとだんらく》したらあいさつ。数十分前からきているのに、ようやくあいさつか……って、自分にムズムズしてしまいます。タイミングがむずいなあ。

でも農家さんって、作業中にラジオを聞いている人が多いんです。ガガガガガの大爆音で聞こえてなさそうやけど。（笑）

手で刈《か》っていきます

刈り方はこうする

ということで、コンバインが入る前に、ぼくたちは手刈りをしていたのです。知らなかったでしょう！

まず、少し低い体勢《たいせい》になります。そして、左手の親指を上にしてイネの株《かぶ》をつかみ、右手に持った鎌《かま》を当て、手前に引くようにします。１株の直径は4センチメートルほど、みなさんの手首くらいの太さです。大人のぼくなら片手《かたて》でギュッとにぎれます。

最初は、１株刈っては横に置き、また1株刈っては横に置き……、とくりかえしていました。「サルインのやり方、効率《こうりつ》が悪そう」って？　ばれてますね、そうなんです。

なれてくると、ザクッ！　ザクッ！　ザクッ！　と、いっきに3株を連続で刈れるようになりました。３株分の太さは、ちょうど、片手でにぎりしめ

られる限界《げんかい》くらいでした。哲夫《てつお》さんの理想は、5株くらいはいっきに刈ってほしいらしいです。でも、何度チャレンジしてもできませんでした。5株分の太さは、2リットル入りのペットボトルくらいありますもん。けっこう太いでしょ？

それにペットボトルとちがって、イネの株は茎《くき》が寄《よ》せあつまった状態《じょうたい》です。しっかりつかまないと、ばらけてしまい……。ぼくはずっと、イネをファサ

1株《かぶ》はこんなに太いんです！

ファサ落としていました。

哲夫さんから、「イネをつかむんじゃなくて、鎌でおさえこむ感じでやるとできるよ」と教えを受けましたが、新米のイネを刈っている新米のぼくには、その感覚がわかりません。(笑)

それでも、むりやり指をのばして5株をつかみつづけていたので、とちゅうから指がちぎれそうになってしまいました。次の日はなんか、いつもより指が長くなった気がしたのです。

いつもは使わないからなぁ……

指以上にしんどいところ、それは足腰《あしこし》です。ももの裏《うら》とか、ひざのまわりとか、もうえらいこっちゃですよ！

刈って、株を置くというくりかえしの動きは、何回も屈伸《くっしん》運動をしているのと同じです。しかも、地面がゆるくてボコボコした田んぼなので、ダメージ大！　稲刈《いねか》りで使うのは、日常《にちじょう》生活やスポーツでは使わない筋肉《きんにく》だから、ふだん運動できたえているぼくでも、ぜんぜん意味がありませんでした。

次の日は草野球の試合でした。もうれつな筋肉痛《きんにくつう》というハンデを背負《せお》い、チームの敗戦におおいに貢献《こうけん》しました。

理想と現実《げんじつ》がなぁ……

みなさんは、鎌で刈る時の音を聞いたことがありますか？ ぼくは、その音がなんか好きなんです。ザクッザクッ♪ 文字だけでも、心地よさが伝わってきませんか。では、もう一度。ザクッザクッ♪ ザクッザクッ♪ んーっ、たまりませんねぇ。

理想の稲刈り＝ザクッザクッザクッザクッザクッザクッ!!! ……よいしょ……、ザクッザクッザクッザクッザクッ!!! ……よいしょ……。

ぼくの稲刈り＝ザクッザクッザクッ……、よいしょ……、ふぅー……、ザクッザクッ……、ザクッ……、よいしょ……、ふぅぅぅ……。

イネの茎が強いからでしょうか、ザクッザクッは大きな音です。だから、遠くまでよく聞こえます。ぼくがいっきに刈っても3株まで、ということが、哲夫さんに音として伝わってしまいます。少しでもなまけようものなら、も

う一撃《いちげき》でばれてしまいます。

「あれ？　ザクッザクッが聞こえない……、ってことは、サルイン休んでんのか？」ってね。

さすが！　大イベントの稲刈《いねか》り

機械で刈られたイネは……

近所の人もたくさん見にきます！　子どもから大人まで、だれもがわくわくするのが稲刈りですね。

哲夫《てつお》さんのコンバインは3条《じょう》刈りといって、四角い田んぼのいちばん外側の一周から、

きれいに刈《か》りとられるのを見ていると、わくわくしますね

3列ずつをいっきに刈っていきます。そのままグルグルとうずまきをえがくようにして、内側に入っていきます。ていねいに、ていねいに、刈り残しがないようにね！

穂《ほ》には、殻《から》に包まれたお米がいっぱいついています。これが、もみです。コンバインは、穂からもみをわけることもしてくれるんです。脱穀《だっこく》といいます。

タンクにはもみだけがどんどこ入っていき、もみをはずされたわらの部分はコンバインの後ろから外に出されます。グリム童話の『ヘンゼルとグレーテル』のアレと同じです。アレっ？　コンバインの後ろにははき出されたわらが落ちて、道しるべができています。ヘンゼルとグレーテルではちぎったパンや小石を置いて道しるべにしていましたよね！

タンクがもみでいっぱいになったら、いったん、稲刈りをストップします。もみを袋《ふくろ》に移《うつ》しかえ、それを軽トラックの荷台まで運びます。あっ、言い忘《わす》

これらすべてもみ
これが何本も集まって1株《かぶ》になる

れていました。哲夫さんがコンバインに乗って稲刈りをしている間、ぼくらはけっこう休んでいました。すいません！

お手伝いマンの見せどころ！

休んで元気いっぱいのぼくらが、もみの袋を運びます。1袋が30キログラム以上ある袋を何往復《なんおうふく》も運び、コンバインのタンクを空っぽにします。30キログラムといえば、だいたい小学3年生の体重くらい！　なかなか重いでしょ。しかも、みなさんをだっこやおんぶするより、もみの袋は持ちにくいです。同じ30キログラムでも、もみの袋はかなり重く感じます。なので、腕《うで》だけでなく、腰《こし》や足の筋肉《きんにく》もしっかり使って持ちあげましょう！

それが終わると、また哲夫さんはコンバインを走らせて、稲刈りを進めます。ぼくたちはだまって、見つめています。でも、イネが刈られる時にたくさんの細かいわらが空中に舞《ま》い、顔とかにチクチクとかゆくなると、「うわっ、かゆいな～」「ぼくもです」とかしゃべりますよ。もちろん！

トラブルも多いコンバイン

じつは、農機具はちょっと機嫌《きげん》が悪いとすぐ止まります！　例えば、育ちすぎて高さのあるイネを地面に近いところから刈ってしまうと、わらがコンバインの中でつまります。コンバインが、「わらの部分多すぎるやろ！」とおこっているんです……。

つまるだけならまだしも、こげくさいにおいがしたあとに、ビービービービーというおそろしい音が鳴って止まることもあるので、農機具にくわしくないぼくたちからしたら恐怖《きょうふ》です。

さあ、ここから第2ステージがはじまります！　このビービービーを聞いて、近所の農家のおっちゃんが多い時で10人くらい集まってきます。「おれなら直せるぞ！」と。でも、だれも直せませんでした……。そういう時もあります。いや、こういう時がほとんどです。（笑）

なんかほほえましいなぁ、と笑っているぼくたちとは反対に、哲夫さんは大あせり！　ぼく

らの何倍もいそがしい哲夫さんは、稲刈りが終わったらすぐに芸人の仕事に行かなければならないからです。爪《つめ》の中を土でまっ黒にしたまま！

こういう時は、ＪＡ《ジェイエー》からプロをよべば直してくれます。すぐに原因《げんいん》をつきとめてくれるので、ほんとうにありがたいです。いや、最初からよんどけよ！（笑）

ふう、終了《しゅうりょう》

半日以上かけて、ついに稲刈りを終えました！

すべてのイネを手で植えるという挑戦的《ちょうせんてき》なことをした田んぼがあったのですが、機械で植えたのと収穫量《しゅうかくりょう》はほとんど同じでした。一所懸命《いっしょけんめい》まっすぐに、等間隔《とうかんかく》で苗《なえ》を植えたつもりでも、かなりグネグネでまばらになってしまったので、収穫量に影響《えいきょう》するかもと心配だったのですが……。よかったです！

でも植え方がバラバラ過《す》ぎると、雑草《ざっそう》をぬく時に田んぼの中でどこを通ったらいいかがわかりにくいし、コンバインで刈る時もウネウネ進まないとダメだから、きれいに植えるに越《こ》したことはありません……。

さあ、これで米作りの山場を越えた感じがします！

小学5年生と稲刈《いねか》り

お待たせしました!

やってきました、〝奈良県桜井《さくらい》市立《しりつ》城島《しきしま》小学校の5年生と田んぼに入ろう〟のコーナー。あれ、そんなコーナーあったっけか? まぁ、あったとしても、なかったとしても、これが最後なのでお許《ゆる》しください。

ということで、前回はJA《ジェイエー》の協力で、遊休農《ゆうきゅうのう》地《ち》という、使われていない田んぼにみんなで田植えをしました(59ページ)。それがいい感じに実ってきたらしく、稲刈り体験をしたいと思います。前回と同じく、ぼくもそこに参加しました!(※ぼくは小学5年生ではない)

イネを刈るため、みんなに鎌《かま》がわたされます! ふざけて使うとけがをすることがあるので、最初に鎌の危険性《きけんせい》についての説明がありま

田んぼは、収穫《しゅうかく》する楽しさにあふれていました

した。みんな、とてもしっかり聞いていました。いや、しっかり聞きすぎて、とても緊張《きんちょう》していました。鎌を受けとる時のしんちょうなようすから、これはふざけて使う子はいなさそうだなと、ぼくは確信《かくしん》しました。

田植えの時の問題点

田植えの時のこと、みなさんは覚えていますか？　田んぼがドロッドロなので、足を入れる勇気がない子がたくさんいて、なかなか作業を開始できませんでした。しかし、稲刈りの時には田んぼをよく乾燥《かんそう》させるので、その心配はいらない！　みんなも乾《かわ》いた土を見て安心していました。（笑）

ということで、すぐにでもはじめられそうですが、刈り方を教わりましょう。ほとんどの子が鎌を使ったことがないので、どうやって刈るのかを、桜井市の農家のみなさんが教えてくれました。鎌の刃《は》全体を使うようにスーッと引くと、かんたんに刈れます。当たり前ですが、農家のみなさんは鎌の使い方がじょうずです！　かんたんそうに見えても、実際《じっさい》にやってみるとむずかしいんですよ。

でも、みんなが楽しそうに稲刈りをしています。楽しそうなのが、なによりすばらしい！

はじめてじゃないのに……

ＪＡの人も子どもたちに鎌の使い方を教えていたので、それを見ていたら、「サルインさん、はじめて？」と聞かれました。いや、稲刈りは何回も手伝ってます！　はじめて鎌を使ったと思われるくらいヘタクソなだけです！　ちなみに、哲夫《てつお》さんとロケのお仕事があった時も、「サルインは稲刈りがうまくないんですよ」と言われました。（笑）どんだけヘタクソなんや！

みんな、だんだんと鎌を使うのがうまくなってきて、イネを刈るサクサクという音がリズムよくなってきました。作業は順調。そんな中、ふと横を見ると、ものすごいスピードでイネを刈る子が！　なんでそんな速く刈れるのかと聞くと、家が農家で毎年手伝っているとのこと。こんなスーパースターがいたなんて、田植えの時は気づかなかった！　その子がキラキラと輝《かがや》いて見えました。

楽しかった体験

最後に、刈りとったイネを、みんなでコンバインにつっこんでいきます。すると、あっという間にもみだけがコンバインの中に残り、わらの部分が後ろからはき出されるので、みんなびっくりしたようでした。ぼくもはじめて見た時は、こんなにいっ

しゅんで、こんな正確な動きをするのかと、おどろいたものです。

参加した小学生に聞くと、稲刈り体験は田植えよりも楽しかったそうです。手でイネを刈る体験は、すばらしい授業《じゅぎょう》ですね。お米を作る楽しさと、たいへんさを学ぶことができるからです。

よほど楽しかったのか、落ちているイネを持って帰ろうとする子がたくさんいました。ところが先生が、「持って帰ったらあかんで！　サルインさんにわたしなさい！」と言うではないですか……。それはそれは、大量のイネをぼくはかかえていました。

もみを乾燥《かんそう》させる

もっと乾《かわ》かす

いったい、もみはどこへ行ったんだ？　まだ食べられないの？　早くとれたてのお米を食べさせてよ～と言いたいところですが、もみを乾燥させないといけません。もみを見ても、さわってもカッチカチなので、すでに乾燥し

ているようにしか思えません。へんな例えですが、プラスチックをさわっている感じです。(笑)

でも、もっともっと乾燥させなくてはならないのです。水分が多いとカビが発生しやすくなって、長い期間保存《ほぞん》することができないからです。

もみを乾燥させる機械

さぁ、みなさん。乾燥機と聞いて、どんなものを想像《そうぞう》したでしょう? 大きいドライヤーみたいなやつ? 巨大《きょだい》うちわ? この乾燥機というのが衝撃的《しょうげきてき》なのですが、幅《はば》はぼくが両手を広げたよりも長く、高さは2メートルくらいもある、箱型《はこがた》! こんなめちゃデカ物体をどうやって運ぶんやろ、と気になるくらいの巨大マシーン! ぜったいに、大人10人

くらいで持たないとダメでしょう。

それでは、袋《ふくろ》に入った大量のもみを乾燥機に投入！　哲夫《てつお》さんのところでは、袋を一つ一つ開けて、ジャバーッと乾燥機につっこんでいきます。完全手作業です。そして最後に、袋の中に手をつっこんで、もみが一粒《ひとつぶ》も残らないように確認《かくにん》しましょう。もったいないからね！

ちなみに、この袋はコンバイン袋というらしいです。だれもが「袋！」としかよばないので、ちゃんと名前があるなんて知りませんでした。あっ、ぼくもさっきから、「コンバイン袋」じゃなくて、「袋」って書いていました……。（笑）

これ以外のやり方もあります。もみをコンバイン袋に入れず、軽トラックの荷台のコンテナに大量にためこむやり方です。コンテナを乾燥機の近くまで運び、もみをウォータースライダーみたいな感

エナジー西手《にしで》さん（左）とぼく。乾燥機《かんそうき》の大きさがよくわかりますね

じで乾燥機に流しこみます。風の力なのか、なんなのか、ものすごい音を立てて乾燥機に注がれていきます！

もみの水分量

収穫《しゅうかく》したてのもみの水分量は、だいたい20パーセントから25パーセントくらいらしいです。……いや、よくわからん！（笑）この水分量が多いのか少ないのか……。それを、だいたい15パーセントくらいまで乾燥させるそうです。これも、どんなもんかわかりませんね！（笑）

でも、水分量がどれくらいなのかが乾燥機に表示《ひょうじ》され、めざす水分量も細かく設定《せってい》できるので、そこは完全に乾燥機にまかせておけばいいのです。乾燥機の中で、もみがブワンブワンと風にあおられ、水分が飛んでいき、1日くらいすると目標の水分量になります！　どうやって機械で水分量を調べているのだろう、という疑問《ぎもん》は晴れないのですが、とにかく乾燥機はめっちゃ巨大で、かしこいということです。

じゃあ、乾燥機のなかった時代はどうしていたんだ？　昔は外で、天日干《てんぴぼ》しして乾燥させていたのですが、どうやって水分量が15パーセントくらいになったと判断《はんだん》するんだ？　感覚でわかったんですかね？　エスパーすぎる！

もみすりと精米《せいまい》

まだ終わらない……

やっとお米が食べられるかな、もみを乾燥《かんそう》させたしね、と思ったそこのあなた。ごめんなさい！　作業は終わりそうで、終わらないんです。だって、もみを見てみてください。ふだん食べるお米はまっ白なのに、もみにはうす～い皮みたいなのがついています。爪《つめ》で取ろうとしても、かんたんに取れそうな……、取れなさそうな……、人間をモヤモヤとさせる皮がね！

そして、薄茶色《うすちゃいろ》をしていて、食べるお米となんかちがう。なので、まず、まわりについているうっす～い皮を取らないと！

この皮をもみがらといい、取る作業をもみすりといいます。もちろん、こ

の作業をするのは機械！　乾燥した大量のもみを、もみすり機とよばれる機械にドバーーッと流しこむと、ガガガッと大爆音《だいばくおん》をひびかせながら、かってにもみがらをはずしてくれます。もみすり機の中では、もみがいろんなところにぶつけられて、もみがらがはがされているっぽいです。

えっ、みかんの話？

もみがらがはずれると、その姿《すがた》を玄米《げんまい》といいます。これは、なんか聞いたことある！　玄米のまま食べると栄養はあるけれど、見た目が色の薄い〝たきこみご飯〟のようになるし、味の好ききらいもわかれます。おいしくなるから、たいていの人はもっとけずってから食べますが、玄米で食べてもいい、そう言われるとまようね……。

なんか、みかんと同じですね。急に、みかん!?　食べる部分のまわりに白い、ふしゃふしゃのやつがついていますね？　取ったほうが口当たりはいいし、おいしい。あれには栄養があるらしいです。取ってもいいし、取らなくてもいいみかんのふしゃふしゃ。

そしてフィニッシュ！

ちなみにまわりの薄黄色、ぬかとよばれる部分をけずると、ようやくみなさんがよく見る白米になります！　その作業を精米といいます。やっとゴールか～。

フィニッシュテープを切る舞台《ぶたい》はコイン精米所！　電話ボックスの２倍くらいのサイズです。見たことはありますかね？　あっ、そんなの見たことないし、そもそも電話ボックスも知らんわという世代ですかね、みなさんは？

まぁ、大人が二人くらい入れるような部屋があって、そこに置いてある機械に玄米を流しこめば、精米してくれるんです。コイン精米所は田んぼがある地域《ちいき》でたくさん見かけますが、大都会東京にもあります。見たことがない人は、

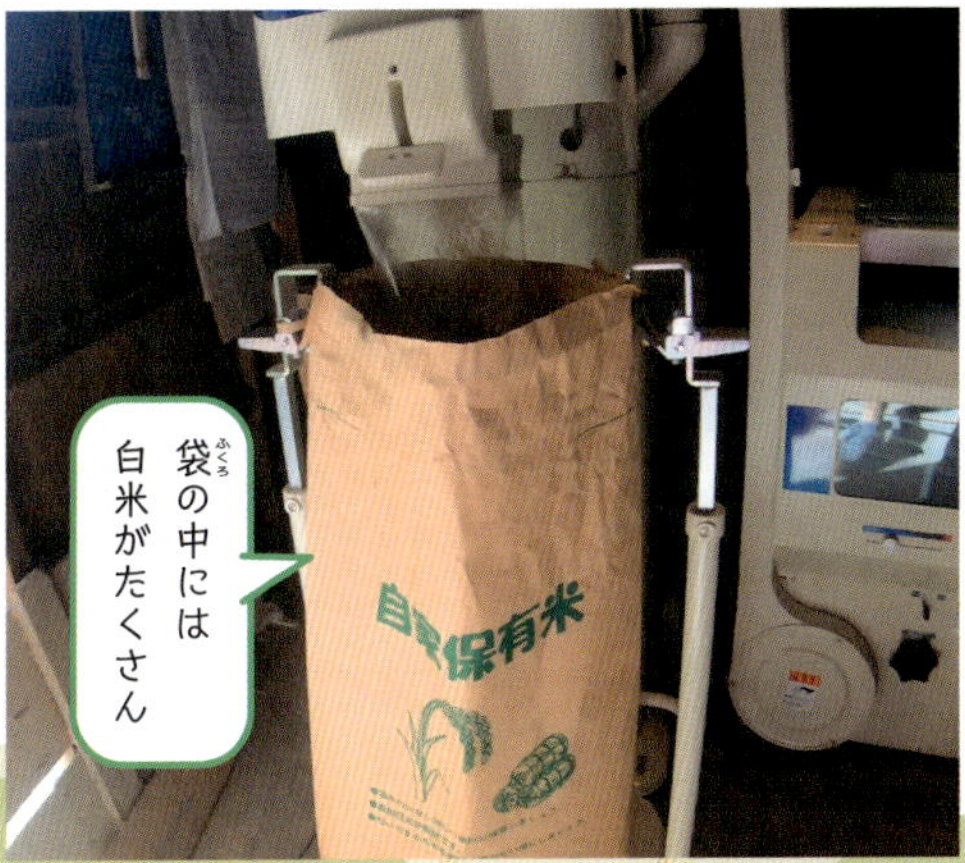
袋《ふくろ》の中には
白米がたくさん
自家保有米

探《さが》してみてください。意外とどこにでもあって、見つけたら「そういえば、こんなんあったなあ」となるはずです。

さぁ、どれくらいけずろうかしら？　けずり具合にもレベルがあって、選べるんです。レベル順に無洗米《むせんまい》、上白《じょうはく》、標準《ひょうじゅん》、7分、5分、3分みたいな感じでね！　あっ、時間じゃないですよ。「ふん」ではなく、「ぶ」と読みます。

かんたんにいうと、無洗米がめっちゃけずりまくりで、3分はちょいっとしかけずらなくて玄米に近い状態《じょうたい》です。栄養を優先《ゆうせん》するのか、味を優先するのか……。まよいにまよって、けっきょく当たりさわりのない「標準」を選んでしまうあなたは、標準的な日本人です。（笑）

お茶碗《ちゃわん》1杯《ぱい》のお米の量

1杯分は何粒《なんつぶ》？

おかわり無料、ぼくが好きな言葉です。なぜなら、お茶碗にご飯を何度も復活《ふっかつ》させることができて安心だからです♪

とか言いながら、1回おかわりしたらおなかパンパンになるんですけどね。

ところで、お茶碗1杯のお米にはどれくらいのイネが必要なんだ、と気になりませんか？　稲刈《いねか》りの時には、「これで1杯分か！」と実感しながら作業したほうが楽しそうですからね。

お茶碗1杯にどれだけの量のお米が入るのかを調べると、ふつうのお茶碗で約150グラムらしいです。茶碗の大きさや盛《も》り具合にもよりますが、まあいいでしょう。

そして、お米の数は3200粒くらい、らしい。よくわからん！

1杯分の稲刈りは？

これはだいたい……、2.1株《かぶ》分。つまり、ほぼ2株。稲刈りでいうと、ザクッ、ザクッと刈れば、「今日の晩《ばん》ご飯の分だ！」とわかります。田植えの時なら、苗《なえ》を2回植えれば「これでお茶碗1杯分」とわかります。

牛丼屋《ぎゅうどんや》さんの並《なみ》のお米の量は250グラムらしいです。だいたい3.5株分！　稲刈りでいうとザクッ、ザクッ、ザクッ、ザッ！　実際《じっさい》の稲刈りで株を半分だけ刈ることなんてないやろ！（笑）

いただきまーす。
これよ、これっ！

わらをかたづける

お米の収穫《しゅうかく》を終えたけれど……

気持ちのスイッチが切れそうですが、まだやることはありますよ〜。終わりそうで、終わらない。これが農業！

まずはわらをまとめて、かたづけないといけません。稲《いね》刈《か》りの時に、大量のわらがコンバインからはき出されて、田んぼじゅうに散らかっていますからね。じつは、わらって、なにかと使い道があるんです（↓133ページ）。なので、捨《す》てるのではなく、まとめておきましょう。まとめておいたほうが、使う時に便利だしね！

わらを束にしておく
コンバインの後ろからはき出されたわら

単純《たんじゅん》作業なんです

　わらのまとめ方にはいろいろな方法がありますが、哲夫《てつお》さんのやり方はわらをかき集めて直径15センチメートルくらいの束にして、それをわらでしばります。わらは、思いっきり引っぱってもぜんぜんちぎれないくらい強いので、ギューッとしばってもだいじょうぶなんです！

　ふつうの草で、同じことをやってみてください。すぐにちぎれますよ。ビクともしないわら、すごいわ！

　このような、かんたんな手作業はぼくらの役目です。その間、哲夫さんは畑の作業に行ったりして田んぼを離《はな》れますが、心配いりません。なぜなら、落ちているわらを集めて束にしてから、

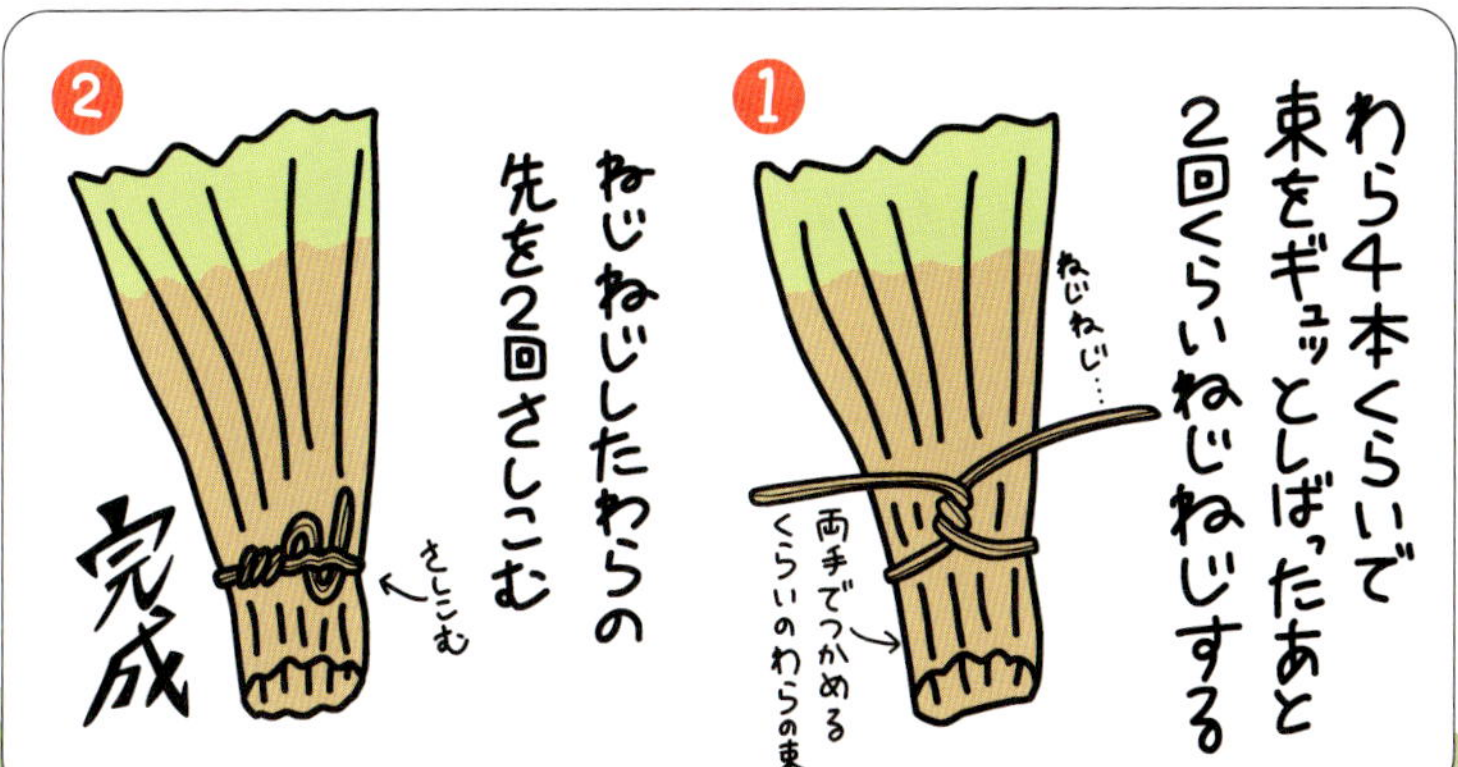

ギュッとしばっておくことをくりかえし、全部終えると倉庫に入れるだけだから。指導《しどう》するほどむずかしい作業はいっさいありません。

しかも、幸いぼくはこのような単純作業が大好きなので、よろこんでやりますよ。なにが楽しいのかというと、必要な分のわらをひとつかみするにはどうしたらよいか。効率《こうりつ》よく束をしばるには、どんな持ち方がよいか。そんなことを考えながら作業を進め、じょじょに作業スピードが上がっていくのが楽しいんです！　これはたまりませんね。

しばったあとの見た目も、数をこなしていくと、なんかシュッときれいにしあげることができます。そんなこと、そこまで大事じゃないでしょと思うかもしれませんが、倉庫に入れる時に持ち運びやすくなります。

二人だったのに……

この時は、先輩《せんぱい》芸人のエナジー西手《にしで》さんと作業をしていました。たぶん、西手さんもこういう作業が好きだったのでしょう。二人でひと言もしゃべらずに、ひたすらわらをまとめていました。アイコンタクトで、「こ

のへんのわらはおれがやっとくから、そっちのほうはたのむわ」。無言のコミュニケーションを取りながらね。

かなりの時間集中して作業をし、ふと腰《こし》を上げてまわりを見まわすと、西手さんは帰っていました。えっ!?　いつのまにか、田んぼにはぼく一人になっていました。西手さんが先に帰ったことにも気づかないくらいのめりこんでいた、ということですね。作業が終わると秋の空は暗くなっていて、人数がへっている……。異世界《いせかい》にまよいこんだのかと思いました。(笑)

ほかにもこんなまとめ方

束ねたわらを4セットくらい集めて、おたがいに立てかけあって乾《かわ》かすのが「わら立て」とよばれるやり方です。ぼくはこの方法でしたことがないのですが、近所の田んぼで見たことがあります！　わらを立てておくと風通しがよくなり、乾きやすいようです。わらを利用する時には、よく乾いているものを使いたいですからね。

1メートルくらいの高さで立てられたわらが、とがった三角屋根のようになっています。なんか、儀式《ぎしき》しているみたいなんですよ。いや、犬小屋かも。（笑）わかりにくいかもしれませんが、実際《じっさい》に見るとこの例えに納得《なっとく》できるはずです。田んぼじゅうに、犬小屋みたいなものがたくさんあるんです。はじめて見た時は美しすぎて、そういう芸術《げいじゅつ》作品なのかなと思いました。

だいたい1週間くらい干《ほ》すらしいですが、1年で1週間しか見ることができないと思うと、なかなか貴重《きちょう》なシーンかもしれません。見る機会があれば、わら立ての美しさに感動しながら、もっといい例えがないか考えてみてくださいね。

←わら立て
なんかの儀式《ぎしき》!?
※きれいに整列していることが多い

わらの利用

使い道、多すぎるやろ！

稲刈《いねか》りを終えると、大量のわらが残ります。量でいうと、もみの部分よりも多いでしょうね。これを捨《す》てるのではなくて、どうにかして使えないだろうか……。そうだ！　このわらを使ってくつをつくろう。服もつくろうか。輪っかにしたら、しめ縄もつくれそう。わらで壁《かべ》もつくれるね。そうそう、田んぼや畑に敷《し》いたり、まいたりしたらよいかも、って使い道が多すぎる!!

知らない人からすると、お米の部分じゃないわらは不要なものに見えるかもしれませんが、昔も今もわらをたいせつに利用しています。もはや、お米という主人公の立場をうばう勢《いきお》い！

わら、すごいやつやなぁ……

わらでつくるくつと服は、ぞうりとみののことです。ぞうりはサンダルみたいなやつで、みのはゴワゴワな上着みたいなやつです。今ではほとんど使われていませんが、昔話のイラストとかで見たことあるかな？　どちらも、カサカサに乾《かわ》いたわらをたたいてやわらかくしたあと、編《あ》むようにつくっていきます。わらはとてもじょうぶなので、たたいても、やわらかくしてもちぎれないし、ひものようにぎゅーっと引っぱっても切れないんです！　それだけ強いから、はきものに使えるんやな～。

　そして、なんと！　土壁をつくる時、土と水にわらを入れるとよりがんじょうになるんですって。なぜかというと、わらは寝《ね》かせることで発《はっ》酵《こう》し、するとリグニンという成分が出て、それが……。というむずかしいことは置いといて、かんたんにいうとわらが土と水をつなぐ接着剤《せっちゃくざい》の役割《やくわり》をしてくれるので、土壁ががんじょうになるのです。3匹《びき》の子ブタが知っていたら、あんなことにはならなかった……、後悔《こうかい》してもしきれませんね。

みの
暖《あたた》かくて水もはじくらしい。かゆそう。(笑)
ぞうり
じょうぶらしいけど雨の日はたいへんそう。

　みなさんが目にすることが多いのは、畑で使われているわらではないでしょうか？　まあ、多いといっても意識《いしき》して見ないと気づかないですが……。

ふとんのように、畑にわらを敷きます。すると、土を温めることができるし、雨水もしみこみやすくなります。つまり、畑の野菜たちはわらのふとんのおかげで、最高の生長をするのです。

そしてもう一つ

超絶《ちょうぜつ》びっくりぎょうてんな、わら情報《じょうほう》をお教えします。ぼくが大好きな納豆《なっとう》は、わらがなければ生まれなかったんです！

一説によると弥生《やよい》時代くらいに、煮《に》た豆をぽいっと置いておいたら、ぐうぜん近くにあったわらにふれたみたいです。すると、わらの中にある菌《きん》によって発酵し、生まれたのが納豆！　この時、もし近くにわらがなかったら、この世に納豆が存在《そんざい》していなかったかも……。ネバネバな食べ物はオクラしかなかったかも……。

このように、わらはいろんなところで大活躍《だいかつやく》！　しかも、活躍をし終えたら、燃《ねん》料《りょう》にもなるのです。最後の最後まで……、ニクいやつです！　そんなわらをほしがる人は多いので、ぼくは「稲刈りは、わらをきれいにまとめるまでが稲刈りです」を、「家に帰りつくまでが遠足です」みたいな名言としてはやらせていきたいと思います。（藁《わら》）まちがえた。（笑）

秋や冬も作業があります

まだダメです！

さすがにもう、家でゴロゴロしていいかな？　一年の作業を終え、かたづけもして、一段落《ひとだんらく》っぽい感じではありますが……。えっ、まだダメなの？

来年の米作りのために準備《じゅんび》をしなければなりません！　来年もよいお米を作るためにはしょうがないよね。

それでは、稲刈《いねか》りを終えた田んぼを見にいきましょう。しばらくたったとはいえ、刈られたイネの根元がしっかりと残っています。

そして、雑草《ざっそう》がびっしりと生えているではありませんか！　こんなの、が

んばって作業してきた田んぼじゃない！　学校のグラウンドのすみっこなら、こんなふうに草ボーボーなところがあったりしますが、まさか田んぼも同じ運命をたどるとは……。

また春からはじまる米作りのために、こいつらをどうにかしなければいけません。

秋にも田おこし

どうにかするためには、休む暇《ひま》もなく田おこしをします。田おこし、なんか聞いたことある！　春、田植え前にも田おこしをしたのを覚えていますか？　土を掘《ほ》りおこして、まぜまぜしたりするアレです！　また、それをやりましょう。

ちなみに、秋にするので秋おこしなんていったりもするらしいです。じゃあ、春の田おこしは春おこしとよぶのかな？　ぜったいそうですよね！ちょっと調べてみます。えーっと……、春おこしとはよばないそうです。なんでや！　でもハルオコシという、田んぼとまったく関係のない花はあるそうです。（笑）ややこしい！

田おこしをして、根元やわら、雑草を土の中に入れこんで、ごちゃまぜにしてしまおう！　そうすると、土の中にいる微生物《びせいぶつ》たちがそれらを分解《ぶんかい》して、土の栄養にしてくれますから。微生物は気温の高い時のほうが元気なので、収穫《しゅうかく》後《ご》すぐのまだ暖《あたた》かい時期に田おこしをしたほうがいいらしいです。暖かいほうが元気なのは、人間も微生物も同じなんですね！

見た目が変わる

そして雑草は、土の奥《おく》深くにうめましょう。パワフル元気で知られるあの雑草も、生長できなくなります。反対に、

田んぼをこのままにしておくわけにはいきません

土の中の暖かいところで休んでいる雑草は、田おこしで表面に出されます。すると、寒い冬を過《す》ごすことができないので、枯《か》れてしまいます。これで撃《げき》退《たい》！　田おこしで万事解決ということですね。

それが終わると、あら！　さっきまではグラウンドのすみっこのすみっこみたいな見た目でしたが、畑か田んぼかのどっちかなんだろうな、と予想できる感じに変わりました！

作業が少ない時期だけれど……

このほかにも、農業機械のメンテナンス、あぜの補《ほ》強《きょう》や草むしりなど、やることはたくさんあります。家でゴロゴロしていられません。

そして田んぼを持っている農家さんは畑を持っていることも多いので、この時期は畑作業に専念《せんねん》することも多いです。哲夫《てつお》さんなんかはまさにそうで、稲刈りのあとから春までは、ほとんど田んぼには行かず、ひたすら畑の管理！　スーパーウルトラ冬野菜収穫タイム！

そもそも哲夫さんは稲刈り後の田おこしも、秋と冬にはまったくやらず、春になってからやるそうです。こういう農家もあるんですね。このへんのことは教科書には書かれていない裏情報《うらじょうほう》かも。

そうやってアレコレしているうちに春がきて、またお米作りがはじまって……。う～む、農作業に終わりはありません！

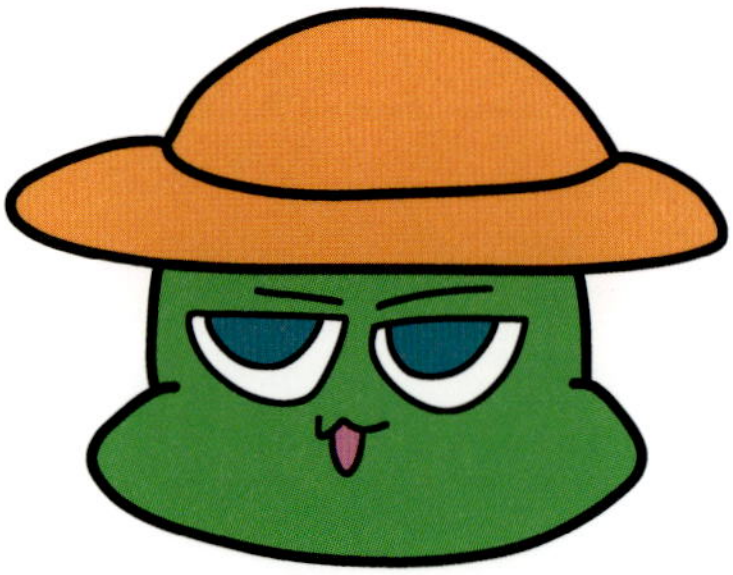

第4章　やってみた、楽しかった

バケツ稲《いね》・第1段階《だんかい》

バケツが田んぼ！

田んぼなんてないしなぁ……。みなさん、そんなことで悲しむ必要はありません。ベランダや庭で、田んぼ体験ができることを知っていますか？　それがバケツ稲！　バケツの中にミニ田んぼをつくって、イネを育てるんです。やってみたくないですか？

まず用意するのは、種もみ。今は、インターネットショップでも売られています。では、たくさんの種もみから優秀《ゆうしゅう》なものを選んでいきましょう。その時に使うわざには、塩水選《えんすいせん》というかっこいい名前がついています！　字のとおり、塩水に種もみを入れて選別します。卵《たまご》が浮《う》きあがる程度《ていど》の濃《こ》さにした塩水に、中身がスカスカの種もみを入れると浮いてきます。中がぎっしりつまっている優秀なものはしずみます。なので、種もみを塩水に入れてクルクルとかきまぜ、浮いてきたものを取りのぞきます。

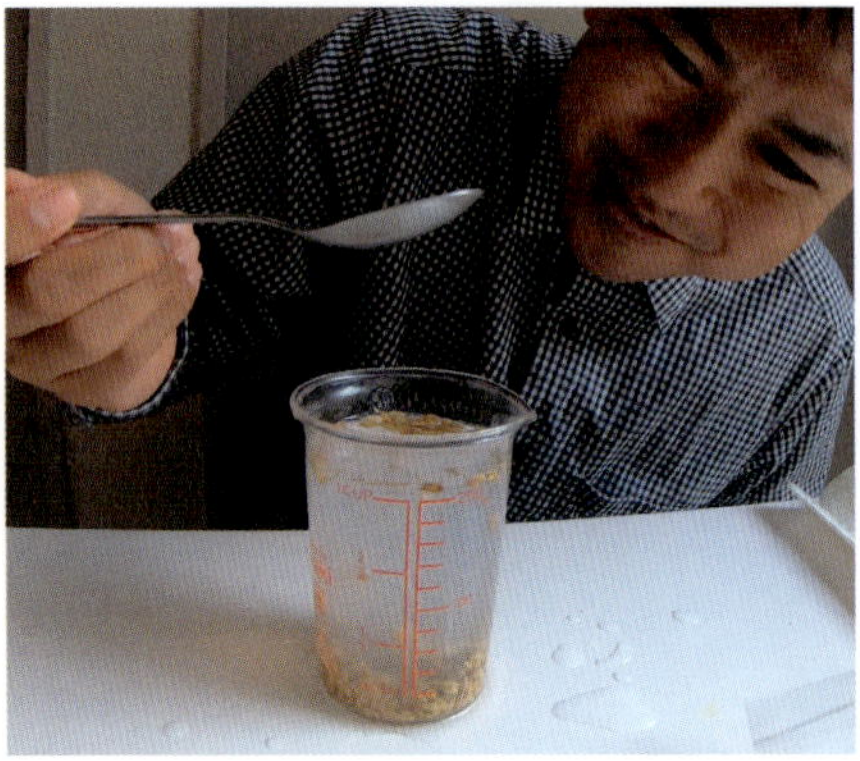
もみの選別がかんたんにできます

ほとんど合格《ごうかく》!?

やってみると、思った以上に多くの種もみがしずんでしまった！　9割《わり》くらいがしずんだので塩を追加し、さらに優秀な種もみだけを選びます。塩を入れすぎたので、塩水は濃いスポーツドリンクの色でした。それでも、ほとんどの種もみがしずんでしまいました。きりがない！

では、次に進みましょう。種もみは塩まみれなので、塩分を流してあげます。水で何度かゆすぎ、にごらなくなったらオーケー。その次は消毒《しょうどく》。種もみを60度のお湯に10分間つけることで、消毒できます！　消毒液《しょうどくえき》は不要です。

そして、種もみの水気を切って、あら熱をとります。「あら熱をとる」という言いまわしは、料理の時にしか使わないと思っていました。まさか、ここで出てくるとは。（笑）そのあと、日かげで数時間乾《かわ》かし、第1段階は終了《しゅうりょう》！

バケツ稲・第2段階

種もみを生長させる

浅いお皿に種もみをザザーッと入れ、つかるくらいのお水を注ぎます。あとは、室内の暖《あたた》かいところに置いておくだけ。ひたすら待とう！　やることといえば、毎日水をかえるくらい。そうすることで、種もみはしっかりと酸素《さんそ》を吸収《きゅうしゅう》できるのです。よろしく！

1日の平均《へいきん》気温の合計が100度を超《こ》えたら、種もみから白い芽が出るらしいです。この場合の100度を、積算《せきさん》温度というそうです。だいたい、住んでいるところの田植えのひと月前。楽しみで、楽しみで、こまめに確認《かくにん》していたのですが、そんなすぐに変化があるわけでもなく……。

ところが、3日目に変化が！　種もみのとがった先から、白い芽らしきものが少しだけ出てきました。ぼくが見たのは4月半ばごろ。数ミリほどですが、確実にニョロっと出ている種もみもあります。

お湯で消毒する時に熱すぎて、種もみが全部死んでしまったかも……、などと考えていたので安心しました。

そして5日目の昼

水面より上に芽が出ている元気な種もみが！　うれしい!!　うれしすぎて、夕方にもう一度確認しました。すると、さらに白い芽がもじゃもじゃあふれ出ていました。お皿の3分の1が白い芽でおおわれています。数時間で、ものすごい生長をみせた種もみ。多分、このあたりで積算温度が100度を超えたんでしょうね。さすが、濃い塩水にもしずみつづけたエリート種もみなだけあります。

ちなみに、おしくも塩水に浮いてしまった種もみの中を見てみました。予想どおりでした。中がスカスカで、指でつぶせるものもありました。でも中には、見てもさわっても、中身がつまっているような種もみもありました。なんで、しずまなかったの？

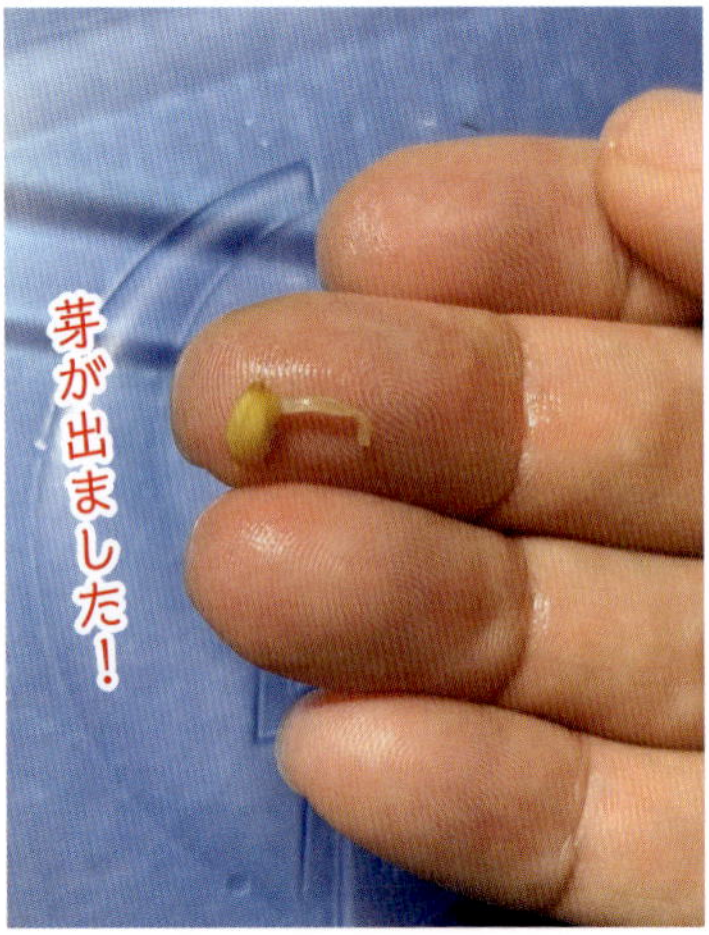

バケツ稲・第3段階

バケツと土を準備《じゅんび》

バケツは深さ、直径とも30センチメートルあるかないかくらいの大きさで、どこにでも売っているものでじゅうぶん。土は100円ショップで、野菜用の土とか売っています。でも、黒玉土を6、赤玉土を3、鹿沼《かぬま》土《つち》を1の割合でまぜたやつがいいらしいと聞いたので、ホームセンターで買ってきました。それに水を入れてまぜ、ドロドロの土にします。

白い芽が出た種もみから、とくに元気そうなものを5つ選び、深さ1センチメートルくらいのところに芽を上にしてうめこみます。完全に土でおおうので、どの辺に植えたか覚えておいてね！

そして、土にたっぷりと水をあげます。土の表面に軽く水が張《は》るくらいです。あとはこまめに水を入れて、太陽に当てる。

植えてから2日後

なんと、緑色の芽が1つ、土から出てきました！　こんなに早いのね。ぼくは今、農業やっている。そういう満足感がわいてきます！　ところが、あとの4つの種もみからは、待てども、待てども緑色の芽が出てこない……。その後、芽が出てくるこ

とはありませんでした。４つの命はどこに行ったんだ？

５つを競《きそ》わせ、そのうちの強く育ちそうな２つを選んで植えなおすつもりだったのに……。今回は、この１本で勝負。こいつから、おいしいお米を収穫《しゅうかく》するぜ！

ここからは、みなさんがこの本で読んだとおり。だいたい50日目で分《ぶん》げつし、それからおよそ１か月後には出穂《しゅっすい》しました。田んぼの株《かぶ》より細い感じですが、鳥や虫に攻撃《こうげき》されることもなく、ちゃんと育っていきました。

そして、バケツの土に種もみを入れてから約４か月半。ついに、稲刈《いねか》り！　はさみでも刈れます。けがしないよう、気をつけてね。ぼくは鎌《かま》を使いました。株に鎌を入れると……、ザクッ。やっぱり細い。でも、まぁいいでしょう。いやぁ、達成感あるわ。

バケツ稲・第4段階

お米にするには……

収穫したけれど……、この穂《ほ》をどうやってお米にしたらいいんだ!? 哲夫《てつお》さんの手伝いでは、穂からもみをはずす脱穀《だっこく》とか、もみすりとかは機械でやっていました。ぼくのうちに機械なんてないのに……。調べると手作業でできる方法があるらしいので、チャレンジしてみます！

10日くらい、穂を天日干《てんぴぼ》ししました。うーん、乾燥《かんそう》したかなあ……。まったくわからないけれど、脱穀をするぜ！　まず、もみがついている部分にお茶碗《ちゃわん》をかぶせます。そして、お茶碗をギュッとおさえながら穂を引く！　すると、ブチブチブチィと気持ちよくもみだけがはずれます。しかもお茶碗がかぶさっているので、もみが散らばらない。これは気持ちいい！　楽しい！　しかも、かんたん！

次のもみすりは、マジで超強敵《ちょうきょうてき》でした。やり方は、棒《ぼう》でひたすらもみをゴリゴリと押《お》しつけて、もみがらをは

もみすりは、とにかくたいへんでした

がすというもの。そこに、フーッと息を吹《ふ》きかける。もみがらはお米より軽いので、もみがらだけが飛んでいくはず……。ところが、これがむずかしい！

押しつける力が弱いともみがらははずれないし、強いとお米が割《わ》れるんです。ぼくは強くやりすぎたので、お米が砂《すな》のように細かくなっている……。フーッと息を吹くと、お米も軽いので飛んでいってしまう……。そしてもみがらが舞《ま》うので、稲刈りの時のように腕《うで》がかゆい、かゆい！

悲しくなる量

2日かけてもみすりを終え、ついに玄米《げんまい》になりました。でも、量がめっちゃ少なくなった！　さすがにへりすぎな気がします。ぼくの感覚にすぎないのですが、もみすりの前は「炊《た》いたら水をふくむから、お茶碗の半分くらいにはなりそうやな」というくらいはあったのに、玄米になった状態《じょうたい》を見ると……。「二口分しかないな」と悲しくなるくらいにへっています。

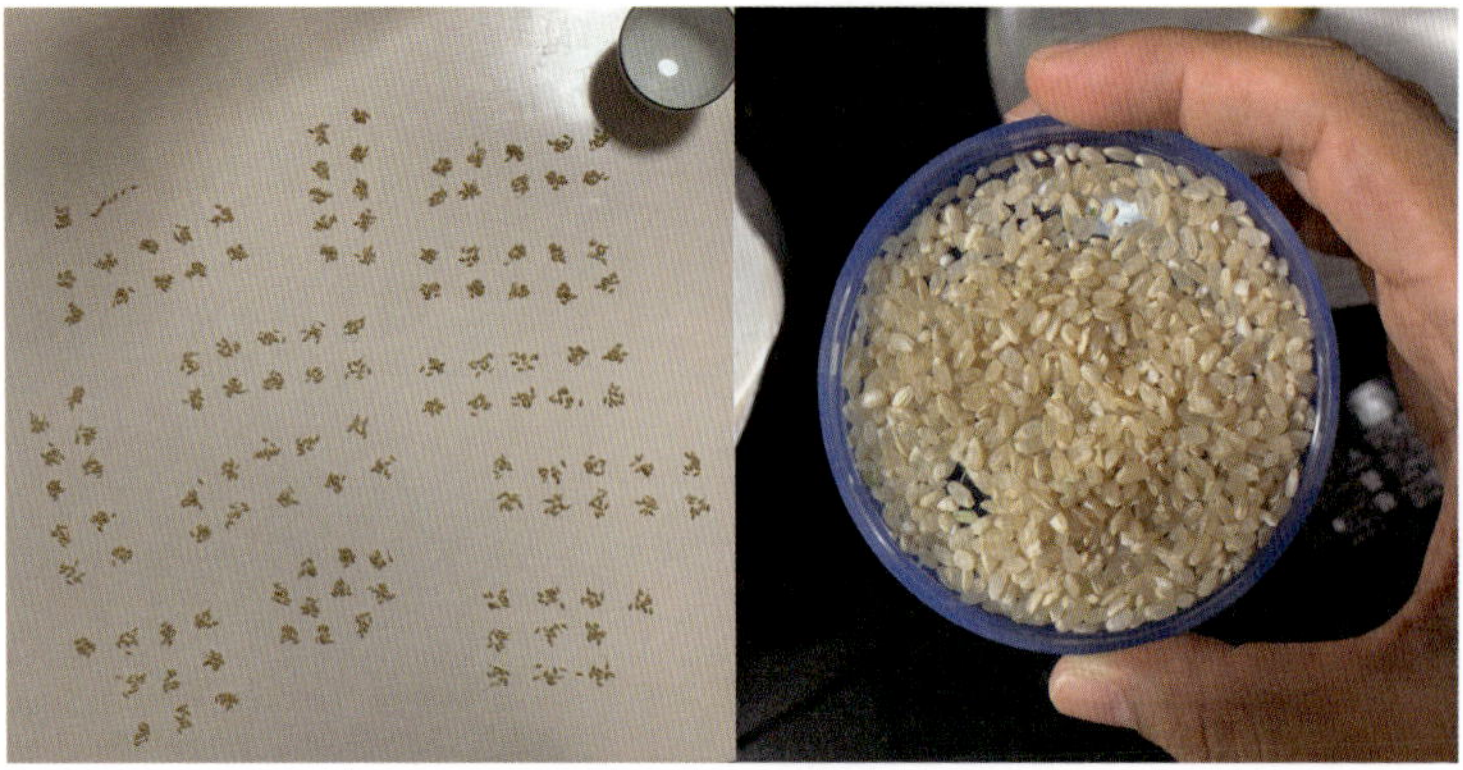

これくらいの量だけれど、やっぱりうれしい！

ちなみに、玄米の重さをはかると22.8グラム。たいても40グラムくらいにしかならないので、４分の１杯分《ばいぶん》ほど。これを精米《せいまい》したいところですが、さらにけずって白米にすると、もう食べるところがなくなってしまいそうなので、玄米のまま食べます！

22.8グラムという少量の玄米を、ぼくが持っているいちばん小さい鍋《なべ》で炊きました。水の量はだいたいでやりましたが、いい感じにグツグツ、タプタプと音を立てて、じょうずに炊けました。いただきます！

たくさんの種もみを塩水選していたころがなつかしい。実際《じっさい》に、お米を食べられるとは感動。その味は……、うまいっ！　一所懸命《いっしょけんめい》に育てた愛情《あいじょう》の分、いっそうおいしく感じていることもありますが、うまいっ！

バケツ稲に挑戦《ちょうせん》してよかった。もっとたくさん収穫できるようにしたいから、毎年やってみるぞ！

わらの強さ実験

どのくらいまで持ちあげられる？

　ぼくはよく、「わらは強く引っぱっても、ちぎれないよ！」とアピールしています。でも、「すごくふわっとした言い方なので、どれくらい強いのかわからない」「もっとわかるように話して！」と言われます。みなさんのそんな声におこたえして、実験をしました。わらで何キログラムの重さまで持ちあげられるのか⁉

　まず、わらを用意します。見た目がほっそいから、弱そうです。それで２本のわらにＳ字フックをかけ、うすっぺらなエコバッグをつるし、その中にどんどんペットボトルを入れていきます。ペットボトルは６キログラム分も用意しました。さすがにたりるでしょう。それでは、行くぜ！

　１キログラム、もちろん持ちあがります。２キログラム、３……、あれ？　よゆうすぎるな。イヤな予感がしてきたよ。４、５……、少しダメージがある気もするけれど、持ちあがるぞ。

そして6キログラム。ひょいっ!!　持ちあがった！　ぼくの予想を超《こ》えました。

実験のやり方を変えて……

わらをよく見ると、先のほうが2つにわかれています。芯《しん》がしっかりしているほうと、ひょろっひょろのほうとに。そのひょろひょろのほうは、文字どおり弱そうで、太さは3ミリメートルくらいしかありません。その1本だけで、ペットボトルを持ちあげる実験に変更《へんこう》。これは、ちぎれてくれることでしょう。

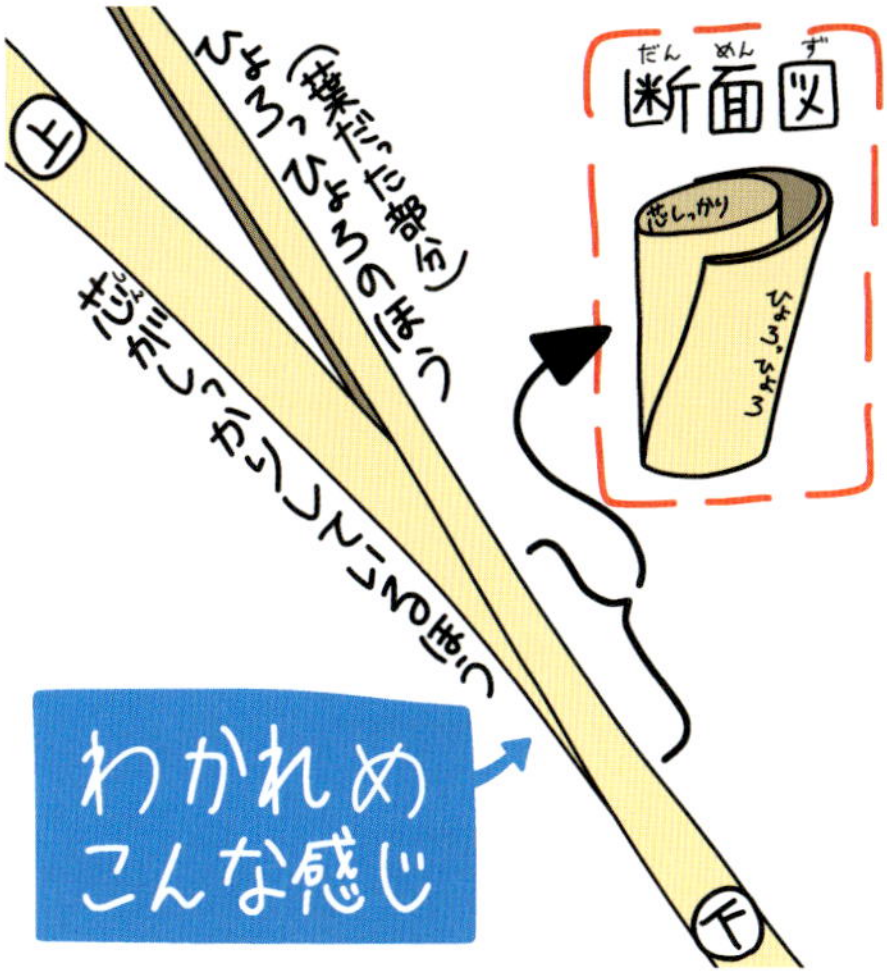

1キログラム、これくらいはさすがに持ちあがります。2キログラムも、まぁ行けました。おお、わらってすごい！　そして3キログラム。うわ、あぁぁぁ！　切れた!!　油断《ゆだん》してスマホを足元に置いていたので、その上に3キログラムの重さのペットボトルがズドン！　あぁぁぁ！

その後、べつのひょろひょろでも試《ため》してみると、3.5キログラムを持ちあげることができました。ひょろひょろ君、すごいな！　いろんなものに使われるだけありますね。

そうなると、わら2本だとどれくらいまで行けるのかな？　家にダンベルとかがある人は実験してみてください！　それにしても実験、楽しかった！

結果発表〜!!

	わら2本	わら1本（1回目）	わら1本（2回目）
1kg	○ よゆう	○ まぁよゆう	○ まぁよゆう
2kg	○ よゆう	○ 少し不安	○ まぁ…
3kg	○ よゆう	× ちぎれた	○ ギリギリ
3.5kg			○ もう限界《げんかい》！
4kg	○ よゆう		× ちぎれた
5kg	○ よゆう		
6kg	○ まだまだいける		

第5章 知っとくと得《とく》かも

田んぼの単位

反と書いて「たん」

「ここはとても広いんです。東京ドーム5個《こ》分の広さ」

いや、東京ドームがどれくらいの広さかわからんわ！　と、テレビに向かって何回ツッコミを入れたことでしょう。ふつうに平方メートルで言ってくれたほうが伝わるのになぁと、いつも思っています。

田んぼの広さも、ちょっと特殊《とくしゅ》な表現《ひょうげん》をするんです。「この田んぼの広さは3反くらいかな」、みたいに。反！　なに、その単位！　平方メートルで言ってくれよ～。

農家のみなさんは田んぼの広さを1反、2反……と数えるので、1反

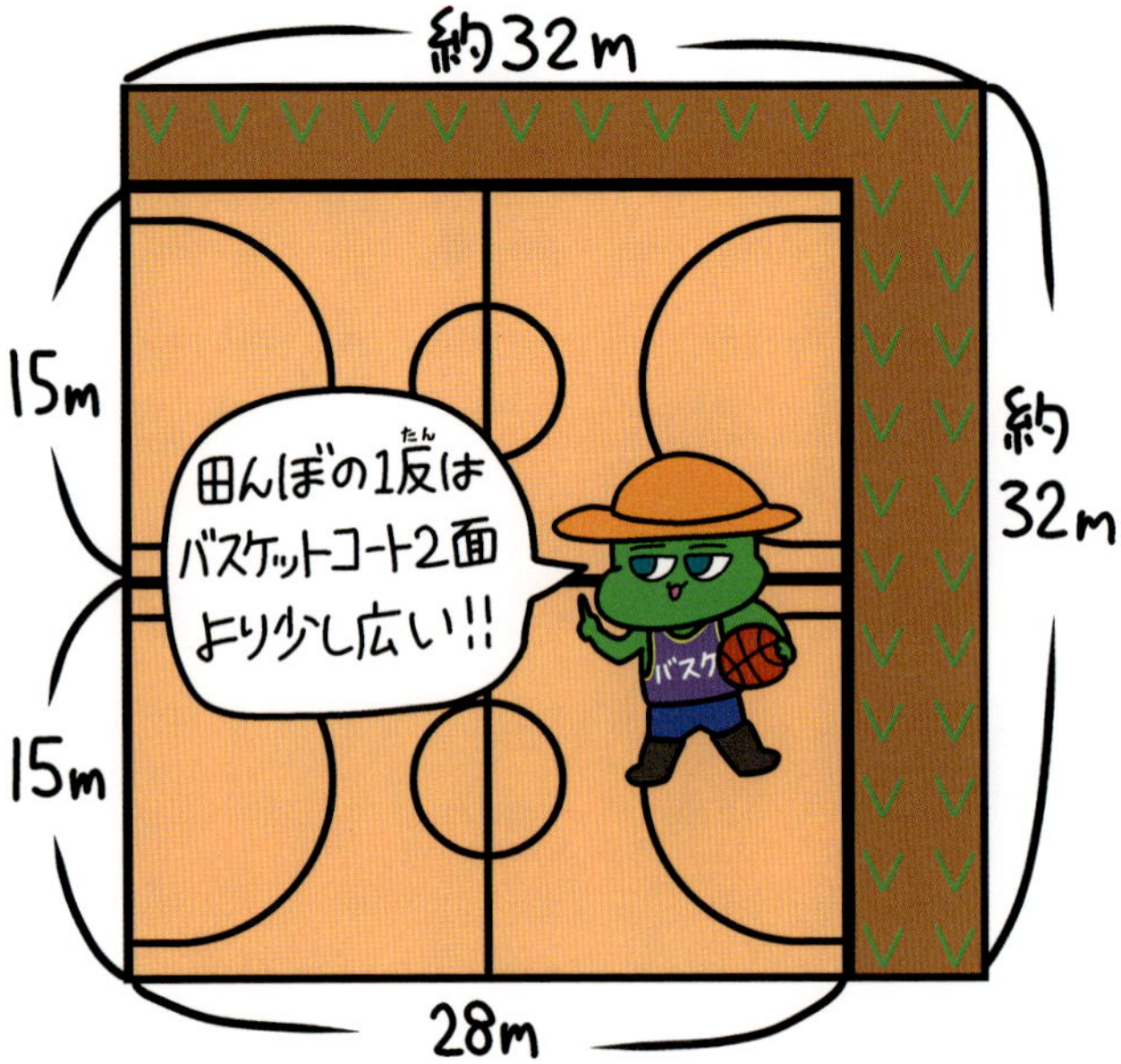

約32m
15m
15m
約32m
28m
田んぼの1反《たん》はバスケットコート2面より少し広い!!
バスク

がどれくらいの広さなのかを知っておかないと会話についていけません。
1反は約千平方メートルです！　千平方メートル……って、思ったほどピンと来ませんね。（笑）　一辺が31．62メートルの正方形が、だいたい千平方メートルです。バスケットボールのコートは縦《たて》が28メートル、横が15メートル。だから、2面分よりちょっと広いのが1反です。体育館にコートが2面あれば、イメージできますね。

チッ素《そ》・リン酸《さん》・カリ

ふしぎな暗号

野菜でもイネでも、育てる時には肥料《ひりょう》が必要となってきます。お手伝いをしていると肥料の袋《ふくろ》をよく目にするのですが、そこでふしぎな暗号を見つけました！

袋にデカデカと、「10・25・15」とか「18・14・16」というように数字が3つ書かれているのです。「5・7・5」なら知っていますよ。「なんだこれ？　肥料袋に　なぞ数字」というような俳句《はいく》や川柳《せんりゅう》の文字数！

でも、肥料の袋に書かれている数字は、どういう意味なの？　わからない……。なぞすぎるので、哲夫《てつお》さんに聞きました。すると、おどろきの答えが!!!

世の中には三大◯◯というのが大量に存在《そんざい》します。日本三大祭りだと神田祭《かんだまつり》・祇園祭《ぎおんまつり》・天神祭《てんじんまつり》。世界三大珍味《ちんみ》だとトリュフ・キャビア・フォアグラ。同じように、肥料にも三大要素というのがあるそうです。茎《くき》や葉を生長させるチッ素、開花や実のつき方に影響《えいきょう》をあたえるリン酸、そして根を強くして病気に負けないようにするカリの３つ。チッ素・リン酸・カリ……。明日には忘《わす》れてしまいそうです。

語呂《ごろ》合わせで覚えよう

でも、忘れてはいけません！　しかも、この順番で覚えてください。なぜならあの数字は、この３つがどれだけ入っている肥料なのかをあらわしているからです。例えば「10・25・15」だとチッ素が10、リン酸が25、カリが15という、リン酸が多めの肥料です。

そこで、農業初心者のぼくは語呂を考えました！　肥料はまんべんなく散らしながらまくので、肥料の散り方の「ち・り・か、た」でチッ素！　リン酸！　カリ！　これで覚えられたかな？　さあ、ホームセンターの肥料売り場で、その知識《ちしき》をフルパワーで見せつけましょう！

でも、もう一つ、初心者泣かせなところがあるんです。「18・14・16」が、「8・4・6」と10の位が省略《しょうりゃく》されていることもあるらしいです。

もう、意味わからん！　省略するなよ！「10の位をはぶかないといけないくらい、キツキツに文字が書かれている肥料の袋はないやろ！

祈年祭《きねんさい》と新嘗祭《にいなめさい》

神様にお願い

みなさんは、給食のあまったプリンを勝ちとるために、神様に「一生のお願い」をしてからじゃんけんをしたことがありますか？　もちろん、ありますよね！　ドッジボールの先攻後攻《せんこうこうこう》を決める時にも、なにかに祈《いの》りながらじゃんけんをしているでしょう。

それと同じで、農業でも神様に祈る祭があるんです。祈年祭といいます。今年もおいしい作物がたくさん収穫《しゅうかく》できますようにと、奈良では毎年2月半ばに祈るんです。千年以上前の日本は、今のように食べ物があふれていませんでした。田んぼや畑で作物がとれなかったら、ほんとうに食べるものがないんです。なので、「神

様！　マジでたのみます」と祈ったのでしょうね。

神様に感謝《かんしゃ》

で、祈るだけ祈って終わりだと、あまりにも神様に失礼ですよね？　それでちゃんと、毎年11月23日には収穫に感謝する新嘗祭というのがあります。にいなめ!?　すごい言葉ですね。

2月に祈らせていただきましたが、そのおかげでたくさん作物を収穫できました、と感謝の気持ちをこめて、農作物をお供《そな》えします。ここで、ピンときたあなたは、超《ちょう》超超天才！　新嘗祭がおこなわれる11月23日は、勤労《きんろう》感謝の日といいますよね。この日は、働いている人に感謝するだけでなく、おいしい作物を作ってくれている農家の人に感謝する日でもあるんです。いつも以上に、いただきますとごちそうさまに力をこめましょう！

祈年祭や新嘗祭は日本じゅうの神社でおこなわれています。哲夫《てつお》さんもこの日は祭ということで、毎年ぼくたちを、いつも以上に高級なお食事に連れていってくれます！　なので、ぼくにとっては哲夫様のおめぐみに感謝する日でもあります。（笑）

戦国時代の田んぼ

昔の風景

みなさん、本を読んで目もつかれてきたでしょうから、目を閉《と》じて千年前の風景を思いうかべましょう。それではどうぞ……。

そこにはじゃり道があって、横には田んぼ。遠くを見れば山があるんじゃないでしょうか？見わたすかぎりの大自然が広がっていませんか。やっぱり、すんごい昔っていわれたら、なんとなく田んぼがたくさんというイメージがありませんか？　昔になればなるほど田んぼが多いって感じしません？　でも、そうではなくて、戦国時代（今から約500年前）にいっきに田んぼがふえたらしいです。

それは川沿《かわぞ》いだ！

戦国大名は、自分の領地《りょうち》でどれだけお米がとれるかでスゴさを競《きそ》っていました。領地を広げ、田んぼにできる場所は田んぼにしていきました。もっと田んぼをふやすには、あの場所しかないな……。さあ、限界突破《げんかいとっぱ》!!　それはどこだ!?

大雨になると水があふれてしまうような、川沿いの場所なんです。いやいや、急に洪水《こうずい》になってしまうようなところでお米は作れないでしょ！

それには、洪水が起きないようにすればよいのです。水の勢《いきお》いを弱める工夫をしたり、川の流れ自体を変えたりすることで、川沿いでも農業ができるようになりました。

それがおこなわれたのが戦国時代なので、このあたりから田んぼの面積がいっきに広くなったってこと。このような作業を、むずかしい言葉で治水《ちすい》といいます。学校で治水という言葉を使いまくって、みんなから「こいつ……、めっちゃもの知りじゃないか！」と思わせましょう。

ふつうに生活をしていて、治水という言葉を使うチャンスはほとんどありませんが……。

日本の名字

12万もある！

ちょっと気分を変え、名前の「名字」についての話をしましょうか。名字についてふれながら、いつのまにか農業に関係のある話にすりかえていく作戦です！

日本には、何種類の名字があるか知っていますか？

まずは、思いうかぶ名字をあげてみましょう。佐藤《さとう》、山田《やまだ》、高橋《たかはし》、木村《きむら》、剛力《ごうりき》……。おっと、めずらしい名字が、なぜかうかんでしまいました。このように、たくさんの人が名乗っているものから、ほとんど名乗ら

れていないものまで、たくさんあります。日本の名字は、約12万種類ともいわれています。これは世界的に見ても、かなり多いらしいです。

名字ランキングは表のとおりです。聞きなじみのある名字ですね。名字はもともと、だれもが名乗っていたわけではありませんでした。ところが、1875年に「みんな、ぜったいに名字を名乗ってくれ！」ということになりました。

日本の名字ランキング			
1位	佐藤	11位	吉田
2位	鈴木	12位	山田
3位	高橋	13位	佐々木
4位	田中	14位	山口
5位	伊藤	15位	松本
6位	渡辺	16位	井上
7位	山本	17位	木村
8位	中村	18位	林
9位	小林	19位	斎藤
10位	加藤	20位	清水

いちばん名字に使われている漢字は？

名字は、例えば職業《しょくぎょう》や、住んでいる場所の特徴《とくちょう》から考えられたりしました。横山は、家の横に山があったのでしょう。犬飼《いぬかい》は、犬を飼《か》っていたのでしょう。じゃあ、お米を作っていた人はなんという名字をつけるかな？「稲《いね》」や「米」とか、「田」の漢字を使いそうかな……。あれ！

そういえば名字に「田」ってつく人って多い気がする！

それでは、「田」のつく名字のランキングを見てみましょう。どれもよく見る名字！　それもそのはず。名字にいちばん使われている漢字は「田」らしいです。

やはり、日本といえば田んぼですからね。

「田」のつく名字ランキング			
4位	田中	53位	松田
11位	吉田	56位	田村
12位	山田	58位	和田
23位	池田	59位	石田
31位	前田	60位	森田
32位	岡田	61位	上田
34位	藤田	63位	内田
42位	福田	64位	柴田
43位	太田	76位	高田
51位	原田	77位	増田

香川県がうどんで有名なわけ

うどんもいいなあ

この本を読んでいるみなさん！　すっかり、お米の口になっていませんか。お米もおいしいですが、うどんもおいしいですよね？　熱くても、冷たくてもおいしく食べられるのがいいんです。ほんとうにうどんは最高！

うどん名門県といえば香川県ですね。香川県民はとにかくうどんを食べるし、安くてうまいうどん屋さんもめちゃくちゃ多い！　香川県が「うどん県」といわれるようになったわけを調べると、ちゃんと田んぼと関係があったんです。

お米にきびしい場所

で、そのわけはというと……。うどんの麺《めん》には小《こ》麦《むぎ》粉《こ》が使われます。小麦はカラッと乾燥《かんそう》した気候でよく育つのですが、それが香川県の気候とぴったりハマりました！　香川県は暖《あたた》かく晴天の日が多い。そして、雨がめっちゃ少ない。水不足用のため池があっちこっちにあるのも香川県の特徴《とくちょう》です。小麦からしたら天国のような場所なんです。

でも、雨が少ないということは、だれにとってきびしい場所になるか……？　そう、お米だーっ!!　田んぼには、大量の水が必要ですね。香川県では、水を安定して用意できませんでした。小麦には向いていても、お米には向いていなかったんです。なので、昔からお米より、小麦粉を使ううどんのほうが多く食べられていたそうな。

ちなみに、山梨県には「ほうとう」とよばれる、小麦粉を使った麺のおいしい郷土料理《きょうど》がありますが、こちらもお米を作るのに向いていなかったそうです。今すぐにでも、だれかに話したくなる内容《ないよう》だなぁ。

お米に虫がわきました……

悲報《ひほう》です

30年以上生きてきてはじめての事態《じたい》が、ぼくを襲《おそ》っています。なんと、お米に虫が大量発生……。お米を炊《た》こうと袋《ふくろ》を開けたら、1センチメートルくらいの黒い力みたいな虫が5匹《ひき》くらいあらわれました！　きのうまでそんなのいなかったのに……。

お米を炊く時はそんなに気を張《は》っていないでしょ、ふつう。なので、びっくりと恐怖《きょうふ》で汗《あせ》が止まりません。とうめいな袋にお米を入れていたので、黒い影《かげ》がうじゃうじゃ動いているのが見えます。そういえば最近、家の中にへんな虫が飛んでいたわ……。

お米に虫がわくことがあると聞いてはいたのですが、きちんと保存《ほぞん》していればだいじょうぶだと思っていました。お米はすずしいところ、できれば冷蔵庫《れいぞうこ》で保存したほうがいいらしいのですが、ぼくはいつも台所に置いていました。この方法でも、今まで虫がわかなかったのに……。くやしい！

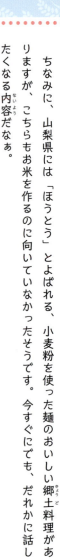

虫の正体

　調べたところ、ノシメマダラメイガというガの一種でした。幼虫《ようちゅう》の時は10ミリメートルくらいの大きさで、お米に近い色をしたミミズのような見た目です。それだけでもイヤでしょ？（笑）幼虫の時にお米を食べるらしいのですが、毒性《どくせい》はないそうです。それでも、食べるのはなんかイヤ……、じゃなく、めっちゃイヤ。それに、幼虫がはきだした糸で米がくっついて、かたまりになるんです。もう、ほんとうにイヤなので、駆除《くじょ》方法を調べていきましょう！

　すぐに見つかったのは、お米を天日干《てんぴぼ》しする方法です。でも、ぼくの小さい家ではお米を干すスペースがありません。でも、だいじょうぶ！　ネットではいろいろな方法が見つかるはず。というわけで、もっと調べていくと出てきました。ピンセットで幼虫をつまむ……。いや、そういうのがイヤやから、駆除する方法を調べたんやけど。

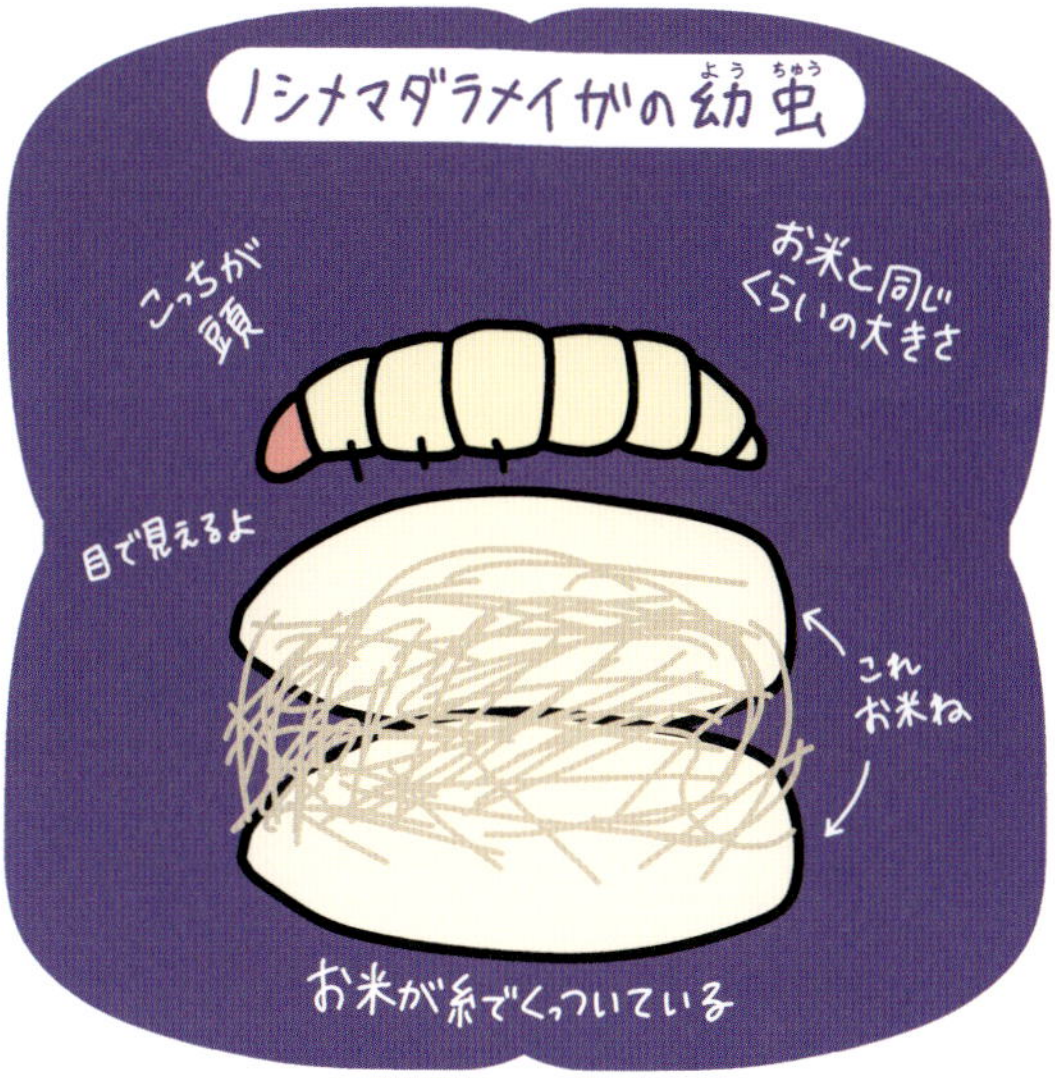

それからというもの……

ぼくはお米を炊くたびに、ウニョウニョ動く幼虫がいないかを確認《かくにん》して取りのぞきました。お米をとぐ時に水を入れると幼虫が水面に浮《う》いてくるので、それで見つけることもできます。そのまま、排水口《はいすいこう》にポイッ！　でもまあ、どれだけ取りのぞいても、幼虫がいるんです……。というのも、このノシメマダラメイガは一度に数百個《こ》の卵《たまご》を産むらしい!!

密閉《みっぺい》した米びつを使えば虫は入ってこないとか、とうがらし成分で虫を寄《よ》せつけないグッズも見つかりましたが、すでに虫が入っているので意味がない！　１匹見つけたら、あきらめることをオススメします。

第6章

解《と》いてみよう、わかるかな？

米作りなぞかけ

文字を読んでばかりだとつかれるので、頭の体《たい》操《そう》をしましょう。米作りなぞかけの時間です。

えっ、なぞかけ？　知らないなあ、だって!?

では、説明します。なぞかけとは……、むずかしいので例を出しましょう。

【川をわたる時に通るもの】とかけまして、【お米を食べる時に使うもの】と解《と》きます。とまあ、こんなお題があるとします。答えは、同じ読みなのに意味がちがうもの。なので【橋】と【箸《はし》】で、「その心は、どちらもはしでしょう」となります。

わかりましたね。【雨】と【飴《あめ》】とか、【紙】と【髪《かみ》】とか、【猿《さる》】と【去る】とか……、思いつくでしょう。【給食】と【9色】とか、も。（笑）

さあ、お題にそった、同じ読みなのにちがう意味になる言葉を考えてみましょう！

①【田植え機だと植え残しができてしまう場所】とかけまして、【習字の時に使うもの】と解きます。その心は？

どちらも、「すみ【すみっこのすみ】【墨《すみ》】」でしょう。
こんな感じね。次からレベルが上がっていくよ～。

②
【わらでそんなに強く攻撃《こうげき》されたら】とかけまして、
【にらめっこの時の本心】と解きます。その心は？
どちらも、「わらいたい【わら痛《いた》い】【笑いたい】」でしょう。
わらはじょうぶなので、折れまがったところは凶器《きょうき》！　チクチク、体にささることがあるよ。

③
【稲刈《いねか》りはどの季節にやりたい？】とかけまして、
【パソコン、どれか空いてない？】と解きます。その心は？
どちらも、「あきかりたい【秋刈りたい】【空き借りたい】」でしょう。
夏に刈るところもあるよね、というのはやめてください！

④
【穂《ほ》からもみをわけたあとにすること】とかけまして、
【あとちょっとだから、走りきれ】と解きます。その心は？
どちらも、「かんそうさせる【乾燥《かんそう》させる】【完走させる】」でしょう。
もみからは水分をぬくけど、走り終わったあとは水分を取ってね！

⑤【農業をやっている人】とかけまして、
【英語で断《ことわ》られた】と解きます。その心は？
どちらも、「のうか【農家】【ノーか……】」でしょう。
これがわかった人は英語マスター！

⑥【田んぼの中でも、ぐんぐん進んですごい！　悪い機械じゃ無理だもんな】とかけまして、
【木のよさを質問《しつもん》する人】と解きます。その心は？
どちらも、「よいきかい【よい機械】【よい木かい？】」でしょう。
機械を使わずに米作りをしていた時代には、ぜったいに生まれなかったなぞかけだね。

⑦【田んぼに行く時は、ちゃんとした服装《ふくそう》にしてよ！】とかけまして、
【旅客機を操縦《そうじゅう》をするのは機長と、もう一人はだれ？】と解きます。その心は？
どちらも、「ふくそうじゅうし【服装重視《じゅうし》】【副操縦士《ふくそうじゅうし》】」でしょう。
副操縦士もしっかりした服を着ているので、副操縦士は服装重視ですね。

⑧【はじめてこの道具を使うから、イネを刈るのむずかしいなあ】とかけまして、
【手の部分がこわいから、この虫は……】と解きます。その心は？
どちらも、「かまきりにくい【鎌《かま》切りにくい】【カマキリにくい】」でしょう。

ぼくは、カマキリの首みたいな部分が好き。かたくて持ちやすいからね。
これだけのなぞかけを考えるのにかなり時間かかりました。（笑）

お米のクイズ

問題１

88歳《さい》のお祝いを米寿《べいじゅ》といいますが、なぜ「米」という文字を使うのでしょう？

こたえ

八十八という漢字を変形させると「米」の字になるから！「寿《じゅ》」はお祝いの意味がある漢字。

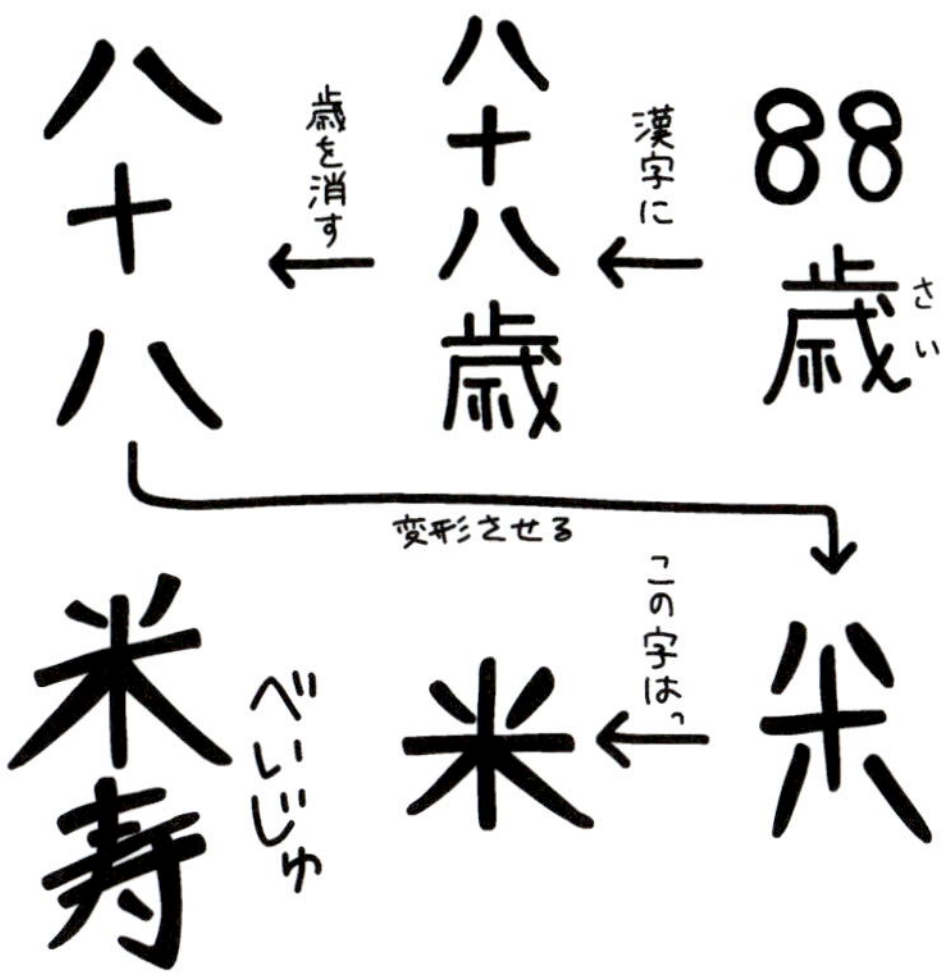

88歳
さい
漢字に
八十八歳
歳を消す
八十八
変形させる
この字は っ
米
米寿
べいじゅ

問題 2

新米とよばれるお米は、どのようなお米のことでしょう？

こたえ

秋に収穫《しゅうかく》され、その年の12月31日までに精米《せいまい》されて、包装《ほうそう》されたお米のこと。つまり、とれたて！ もちもちで、あまみがあるのが特徴《とくちょう》。せっかくだから、おかずなしでお米だけ食べよ〜っ、とやってしまうおいしさ！

ちなみに、前年に収穫されたお米は古米とよびます。そのさらに前の年に収穫されたものは古古米、そのさらに前の年のものは古古古米とよぶんですって！ ということは、10年前に収穫されたお米は古古古古古古古古古古米、いや言いにくいわ。（笑）

問題 3

次の中で、およそ200年前に肥料《ひりょう》として使われていたものはどれでしょう？

1. 髪《かみ》の毛《け》　2. 古くなった壁《かべ》　3. 革製品《かわせいひん》

こたえ

全部！　江戸《えど》時代に日本ではじめて書かれた肥料専門書《せんもんしょ》、『農稼肥培論《のうかひばいろん》』というむずかしそうな名前の本にのっています。昔、肥料はただで手に入るものという感覚だったので、お金を出して買う肥料を「金肥《きんび》」とよんでいたそうな。でも、髪の毛とか、壁とか……、もうただのゴミとしか思えない！　畑や田んぼはゴミ箱じゃないんだから。（笑）

そのころ、土に返りそうなものは栄養になると考えられていたのか、けっこう、なんでもまいていたようです。

問題 4

雷《かみなり》が落ちるとイネがよく育ちます。それをあらわす言葉はなんでしょう？

こたえ

稲妻《いなづま》。24ページでも書いたけれど、雷が落ちるとイネが育つんです。雷はイネには欠かせないもの、イネとペアになるものだから、イネの妻で……、稲妻。

問題5

縦《たて》に12株《かぶ》、横に8株植えている長方形の田んぼがあります。この田んぼで、1人の人間が食べる何日分のお米がとれるでしょう？　ただしこの人は、1日3食で、毎食食べるのはお茶碗《ちゃわん》1杯《ぱい》だけ！　そして、お茶碗1杯分はイネ2株分とします。

こたえ

急に算数の問題になりましたね！　縦に12株、横に8株だから12×8で、この田んぼには96株植えられています。この人は1日にお茶碗3杯食べるので、3×2で6株必要。96を6で割《わ》ると、16。つまり16日分。

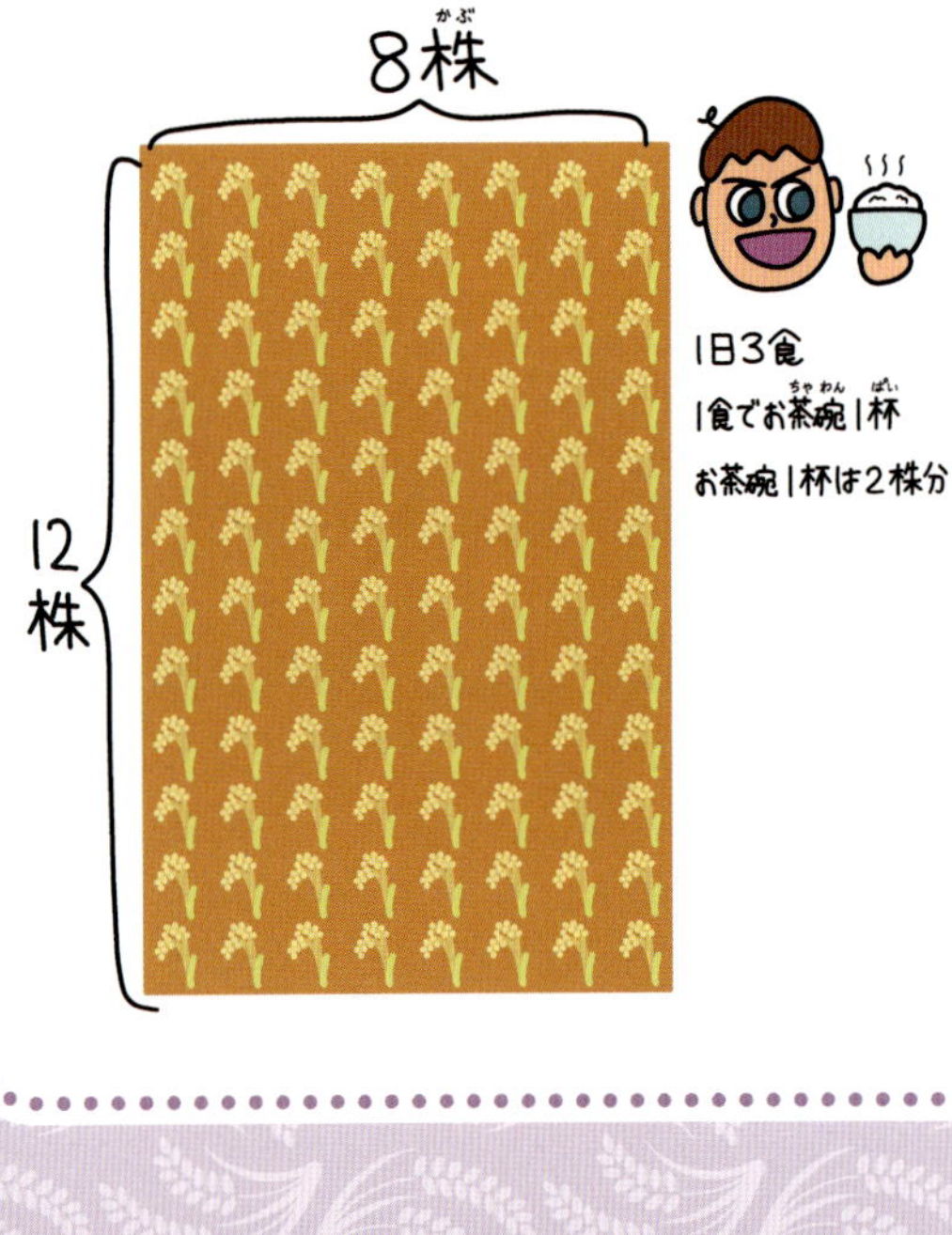

8株《かぶ》
12株
1日3食
1食でお茶碗《ちゃわん》1杯《ぱい》
お茶碗1杯は2株分

‡お礼の言葉‡

この本を書きあげるにあたっては、多くの方がたのご指導《しどう》をいただきました。みなさまへの感謝《かんしゃ》の気持ちでいっぱいです！

最初のきっかけは、笑《わら》い飯《めし》・哲夫《てつお》さんの田んぼのお手伝いでした。稲作《いなさく》のことをまったく知らないぼくに、哲夫さんはおもしろく、楽しく指導してくださいました。そのおかげで、この本が完成しました。ありがとうございます。

そして、哲夫さんとのきっかけをつくってくださったのが、漫才《まんざい》コンビ、十手《じって》のエナジー西手《にしで》さんです。「稲作に興味《きょうみ》あるんです！」なんてひと言も言っていないのに、西手さんはその奇跡的《きせきてき》な嗅覚《きゅうかく》で、ぼくを哲夫さんの田んぼにさそってくださったのです。ありがとうございます。これからも2人で、手伝いを極めましょう！

稲作の知識《ちしき》をもっともっと身につけたいなと考えていたときに、ご縁《えん》があったのが石田《いしだ》さんです。ぼくの自《じ》宅《たく》から近い石田さんの田んぼでもお手伝いするようになり、春夏秋冬のあらゆる作業を体験することができました！　写真もたくさん使わせていただいております。ありがとうございます。

そして、農業プロフェッショナルのJA《ジェイエー》ならけんさんにもたいへんお世話になりました。内容《ないよう》にまちがい情《じょう》報《ほう》がないよう、細かく確認《かくにん》をしてくださいました。ありがとうございます。

そのほかにも、田植えと稲刈《いねか》りを毎年いっしょにしている桜井《さくらい》市立《しりつ》城島《しきしま》小学校のみなさんであったり、イラストのアドバイスをしてくださった農業天才児の今中《いまなか》さんであったりと、感謝の気持ちをお伝えしたい方がたの名前をあげるときりがありません。

いつも綱渡《つなわた》り状態《じょうたい》でぐらぐらしたぼくを支《ささ》えてくださった、くもん出版《しゅっぱん》の谷《たに》さんにも感謝しかありません。谷さん、ご自身への感謝の気持ちが書かれている文章を読み、編集《へんしゅう》をしている気持ちはどんなでしょうか？(笑)

そんな冗談《じょうだん》はおいておき、ぼくは多くの方がたに支えられています。ほんとうにありがとうございます。そして最後に、この本を手に取られたそこのあなた！　ここまで読んでくださり、ほんとうにありがとうございます。また、どこかでお会いしましょう！

サルイン

作者：**サルイン**
1990年、石川県生まれ。奈良教育大学総合教育課程環境教育コース地域環境専修卒業。中学社会・高校地理歴史・高校公民の教員免許持ち。NSC吉本総合芸能学院大阪37期。奈良勝手に住みます芸人。特技は、絵を描くこと、野球、奈良案内、子どもと触れ合うこと。

●カバー・本文イラスト・写真／サルイン

●取材協力／笑い飯・哲夫さん、十手・エナジー西手さん、
石田隆二さん、桜井市立城島小学校（順不同）

●協力／JAならけん、株式会社丸山製作所、今中聡さん（順不同）

●デザイン：㈱スプーン

稲作ライブ
おもしろくてたいへんな田んぼの一年

2024年10月31日　初版第1刷発行

著　者：サルイン
発行人：泉田義則
発行所：株式会社くもん出版
〒141-8488
東京都品川区東五反田2−10−2　東五反田スクエア11F
電話　03-6836-0301（代表）
03-6836-0317（編集）
03-6836-0305（営業）
ホームページアドレス　https://www.kumonshuppan.com/
印刷所：三美印刷株式会社

NDC610・くもん出版・176P・19cm・2024年・ISBN978-4-7743-3384-7

CD56258